我与贵州省社会科学院

WO YU GUIZHOUSHENG SHEHUI KEXUEYUAN

主　编：唐显良　许　峰

副主编：王跃斌　曾　亮　郑子运

中央民族大学出版社
China Minzu University Press

图书在版编目（CIP）数据

我与贵州省社会科学院 / 唐显良，许峰主编 . —北京：中央民族大学出版社，2022.11

ISBN 978-7-5660-2130-4

Ⅰ . ①我… Ⅱ . ①唐… ②许… Ⅲ . ①贵州省社会科学院 - 概况 Ⅳ . ① G322.237.31

中国版本图书馆 CIP 数据核字（2022）第 195466 号

我与贵州省社会科学院

主　　编　唐显良　许　峰
责任编辑　舒　松
封面设计　舒刚卫
出版发行　中央民族大学出版社
　　　　　北京市海淀区中关村南大街 27 号　　邮编：100081
　　　　　电话：（010）68472815（发行部）　传真：（010）68933757（发行部）
　　　　　　　　（010）68932218（总编室）　　　　（010）68932447（办公室）
经 销 者　全国各地新华书店
印 刷 厂　北京鑫宇图源印刷科技有限公司
开　　本　787×1092　1/16　印张：15.75
字　　数　210 千字
版　　次　2022 年 11 月第 1 版　2022 年 11 月第 1 次印刷
书　　号　ISBN 978-7-5660-2130-4
定　　价　65.00 元

前　言

庚子端阳扶丹桂，盛世玉笔谱华章。贵州省社会科学院是省政府直属的哲学社会科学综合性研究机构，其前身是创建于1960年6月28日的中国科学院贵州分院哲学社会科学研究所，1979年2月更名为贵州省社会科学院。2020年6月28日，在决胜脱贫攻坚、全面建成小康社会之年，贵州省社会科学院迎来了60华诞。

60年筚路蓝缕而初心不改，一甲子风雨兼程而矢志不渝。回首沧桑一甲子，春华秋实60年，我们欣喜地看到，60年来，在党的光辉照耀下，在贵州省委、省政府领导下，在贵州省社会科学院历届党委领导班子带领下，在历年来全院同仁努力下，我院在繁荣发展哲学社会科学、助推地方经济社会发展方面，取得了骄人的成绩，贡献了不可替代的智慧和力量，赢得了党委政府和社会各界的普遍赞誉。

60年薪火相传，一甲子弦歌不辍。60年来贵州省社会科学院走过的不平凡的历程，是一个由小到大、由弱变强的成长历程。我院有坚强的领导班子带领我们砥砺前行，有一代代的专家学者始终不渝在社科田野上辛勤耕耘，有杰出的院友情牵社科院的发展壮大。我们今天欣欣向荣的局面，来自各级领导和各界朋友的关心支持，来自老一辈社科人的无悔付出。传承老一辈社科人艰苦拼搏的优良传统和脚踏实地的科研精神，彰显哲学社会科学咨政育人、服务社会功能，新一代社科人责无旁贷。

为纪念贵州省社会科学院建院60周年，经院党委、院行政研究，决定编辑出版《我与贵州省社会科学院》一书，并成立了专门的编辑组、预算了专项经费。在院领导的关心重视下，编辑组于2020年4月发出征文通知，邀请曾在院工作的院友、在职和离退休干部职工，将在贵州省社会科学院工作期间留下美好的回忆，最受启发、最有意义的故事撰写成文，并召开征文活动动员部署会，动员中青年学术和管理骨干踊跃参加，抒发对贵州省社会科学院的感情。

该书最终收录了在社科研究领域取得重大学术成就、产生重大社会影响的老专家，为我院谋发展、促改革作出卓越贡献的老领导，省级以上荣誉获得者，以及部分离退休人员、部分在职职工的回忆文章，共计60篇，汇集成贵州社科人的“集体记忆”，以起到存史育人的作用。

在编辑《我与贵州省社会科学院》一书中，编委会和编辑组坚持文章要有可读性、启发性、趣味性、史料性和政治性“五性”。即文稿作者既要旗帜鲜明讲政治，又要在文章中体现其他一至四个要素，不可偏离。同时，编委会和编辑组明确了编写本书的几个要求。一要找准切入点。主要是作者从对某件事、某一片段、某种场合和氛围，觉得难以忘怀又有价值、有意义的事情切入，不必面面俱到。二要弘扬正能量。常言道，人生不如意事常十之八九，但总有一两件事是如意的。美好的时光、精彩的瞬间、感人的故事，打动了自己，请作者写下来，让大家一起分享，传递正能量。三要发挥启迪作用。推出此书，将发给全院干部职工，对大家，尤其是对中青年人、对今后进院人员为社科事业作贡献将会大有裨益。四要发挥交流互鉴作用。推出此书，将与全国地方社会科学院系统同行交流，与广大社科爱好者交流，共同促进社科研究事业的繁荣发展。

雄关漫道真如铁，而今迈步从头越。在新的征程上，贵州省社会科学院使命光荣、前景广阔。让我们更加紧密地团结在以习近平同志为核心的党中央周围，牢记领袖嘱托、不忘初心使命，忠诚干净担当、勇闯发展新路，在黔中大地上做出无愧于时代、无愧于人民、无愧于先辈的真学问，谱写新时代中国特色哲学社会科学高质量发展的贵州篇章，为多彩贵州现代化建设发挥我院的新型智库作用，以优异成绩迎接党的二十大胜利召开！

《我与贵州省社会科学院》编委会
2022年7月

目 录

第一篇 > > > >

综论

不平凡的六十年　不平凡的社科人

吴大华[①]

十年前，我刚调任贵州省社会科学院不久，就迎来了50周年院庆，当时的情景还历历在目，恍然间，十年就过去了。岁月催人老，但对一个单位，特别是对一个科研机构来说，岁月却能层累出历史的厚重感，沉淀出学术的影响力。十年后，在我们纪念建院60周年之际，我借助历史资料和我个人的记忆，和大家一起回顾一下60年来贵州省社会科学院的高光时刻。

贵州省社会科学院60年的历程，是不平凡的，其间，经历了机构变更、无形消停，但更多的是开拓进取、发展进步。60年来，特别是改革开放40多年以来，我们在诸多领域取得了历史性、开创性、突破性成就，积累了不少成功的经验。

一、强化顶层设计　理清发展思路

改革开放以来，特别是进入21世纪以来，我院紧跟时代发展的步伐，科学研判院情，审时度势，在顶层设计上不断明确发展思路、作出科学

① 作者简介：吴大华，贵州省社会科学院党委书记、二级研究员、博士生导师。主要研究方向：刑法学、民族法学、循环经济。

定位。

2005年，院党委制定印发《贵州省社会科学院“十一五”发展规划纲要》，制定完善规章制度，内容涉及科研管理、行政管理、党建等方面。

2009年，召开第一次科研工作大会，启动实施“科研立院、管理兴院、人才强院”三大战略，激发全院科研人员和干部职工干事创业的积极性、主动性，增强主人翁意识、机遇意识、责任意识和大局意识。

2013年，召开第二次科研工作大会，院党委出台《关于加快实现以质量为中心的科研转型升级的实施意见》及多个配套文件，明确以科研质量为中心，推动全院形成视质量为生命的环境，使质量意识成为每位贵州社科人的自觉意识。

2017年，院党委出台《关于建设高端智库的实施办法》。明确提出打造贵州省和西南地区的知名高端智库的中长期目标，并对实施办法提出的有关举措逐项分解任务，责任落实到部门和个人。

2019年年底，国家治理体系和治理能力现代化地方实践高端智库获省委宣传部批准，智库团队在当年就斩获国家社科基金重点项目。

二、全面深化改革　激发科研活力

改革的关键是改革体制机制，建立规章制度。我院狠抓建章立制，与时俱进推进体制机制改革和制度的“废改立”，不断激活科研工作和科研人员的活力。

一是改革传统体制，科学调整内设机构和学科布局。在院党委领导下，经过自上而下、自下而上的反复酝酿和讨论，按照“有所为，有所不为”的原则，以加大应用对策研究力度为目标，提出了学科调整和机构设置的基本框架，调整后的研究所，改过去的“小而全”为现在的体现优势、重点发展；改过去的齐头并进为现在的各有侧重、突出特色。进入21世纪，为有效地整合学术资源，培植新的学科增长点，大力推进跨所、跨学科、跨院的院属研究中心或研究基地的建设。截至2020年年底，有各类研究中心（基地、院）如中社科（北京）城乡规划设计研究院贵州分院、贵州省大数据政策法律创新研究中心等20多个研究机构。这些研究机构，让在该领域有所建树、干事创业有激情有想法的年轻人担任具体负责人，鼓励他们放开手脚大胆干，调动了年轻科研人员的积极性，培养锻炼了学术团队，培育出了新的研究领域，科研工作服务地方经济社会发展更接地气、更加紧密。

二是强化制度建设，注重制度的与时俱进和落地落实。院党委深刻认识到，科研管理体制改革关键是要形成竞争激励机制，重点解决好课题制度改革完善问题。多年以来，我院科研管理突出课题规划立项与结项、优秀成果奖励、重点学科建设、著作出版资助等多项制度，使科研管理从立项、中期检查、结项到成果登记、推广与奖励申报、科研经费管理、科研档案管理、科研机构与人员管理、科研信息统计管理等全流程实现了制度化与规范化，从而为全院科研工作的开展提供了有力的支撑与保障。为强化科研工作过程管理，我院在信息化方面下大力气，研发了“科研全过程动态管理系统”，所有的科研项目全部实现网上申报、网上审批、网上管理、网上考核，科研管理有迹可循，突出动态化、规范化、透明化。

三是建立科研快速反应机制，提高科研队伍打快仗、打硬仗的能力。针对中央和省委、省政府的重要会议、重大决策、重要部署，以及全省改革发展进程中的重大问题，我院建立了由院主要领导挂帅，主管领导一线指挥，不同研究所和不同学科专家灵活组合的集体攻关机制。

三、立足贵州 研究贵州 服务贵州

怎样立足地方、研究地方、服务地方，围绕地方经济社会发展的理论和实际问题开展研究，这是地方社会科学院最重要的职能职责，也是地方社会科学院建设新型智库最核心的指标。贵州省社会科学院对此进行了积极有益的探索实践。

一是与时俱进开展应用对策研究。积极主动承担省委、省政府及有关部门委托交办的研究任务，围绕实现我省经济社会历史性跨越的重大问题，开展专题调研，及时提供相关对策和理论咨询，向省领导和有关部门提交了许多有价值、高质量的研究报告。

二是久久为功开展基础理论研究。鼓励并创造条件，让从事基础理论研究的学者“甘坐冷板凳”。同时，有地方特色、民族特点和区域优势的基础理论研究硕果累累。其中，地方历史文化研究、阳明文化研究、红色文化研究、民族文化研究、沙滩文化研究、民族法学等在省内外有较大影响。近年来，又开辟了三线文化、黔学等新的研究领域。

三是拓宽渠道服务党委政府决策。从以前仅有《社科内参》为成果报送渠道，到近年来，贵州省社会科学院形成了以“省领导指示、圈示课题”、《社科内参》《甲秀智库专报》《舆情信息》《蓝皮书》为渠道、载体的多元化服务省委省政府决策咨询机制，成效明显，并逐步完善。许多研究成果直接或间接进入省委、省政府和有关部门的决策，每年有20多项。

四是实施全省哲学社会科学创新工程。经过多年努力，省委省政府将全省哲学社会科学创新工程列入省“十三五”发展规划，并明确由我院来牵头实施。2017年、2020年分别获批第一、第二期工程建设。第一期工程已于2019年年底顺利完成。自主研发的贵州省哲学社会科学云服务平台作为创新工程的重头戏，已于2018年5月正式上线运行，被媒体誉为

“全国社科院系统第一朵社科云”。

四、创新选才用才机制 打造“双高”人才队伍

人才是第一资源。人才，特别是高层次人才，对于社科研究机构来说，更是“软实力”的核心体现。改革开放以来，我院的人才队伍建设有过名家频出的辉煌，也出现过“青黄不接”的窘境。总结经验教训，近年来，贵州省社会科学院着力打造一支与新型智库建设相适应的、结构合理的人才队伍。

1978年12月，贵州省哲学社会科学研究所恢复重建后，对外发布《1979年研究生招生简章》，从600多名报考者中择优录取了47名学员。这批学员经过一年的紧张学习和培训，1980年4月，“研究生班”学习结业，社会科学院的发展历史从此翻开了崭新的一页，从中涌现了一些同志走上了重要领导岗位，一些同志成为贵州省甚至全国的知名专家学者。在后来相当一段时期内，“研究生班”学员都是贵州省社会科学院的骨干力量。

到21世纪初，“研究生班”的学员陆续到了退休年龄。我院在科研队伍建设上，存在着严重的“青黄不接”的现象，高层次人才“引不来、留不住”。为此，我院采取了一系列措施，加大招录、引进和培养人才的力度。经过几年的探索，我院初步建立了以岗位设置为基础，以公开、平等、竞争、择优为导向的选人用人机制，实行了全员聘用制，完善了专业技术职务评聘体制，逐步形成了职务能上能下、人员合理流动的体制。同时，用好目标绩效考核这根指挥棒，继续完善分配制度，重实绩、重贡献，使收入分配政策向有实绩、有贡献的人倾斜。截至目前，全院在职在编人员中，有正高级专业技术职称人员29人，副高级专业技术职称人员

61人；全国“文化名家”暨“四个一批人才”2人，国家“万人计划”哲学社会科学领军人才2人，新世纪百千万工程国家级人选2人，享受国务院特殊津贴专家18人，省政府特殊津贴专家17人，省宣传文化系统“四个一批”人才（甲秀文化人才）24人；研究生以上学历人员近70人，特别是博士（含在读）人数由2010年的2人增长到2020年的近50人。

五、以开放促发展　借外力谋发展

10年来，我院的发展远近有名。这与我院以开放促发展、强化对外交流合作的办院思路是分不开的。

一是开门办院，“合纵连横”。用好中国社会科学院与贵州省人民政府战略合作平台，与中国社会科学院开展了全方位、深层次的合作。依托中国社会科学院建立了贵州省第一个文科博士后科研工作站，建立了贵州省唯一的中国社会科学院学部委员工作站，联合开展重大项目研究，其成果获党和国家领导人肯定性批示。此外，创新“院院、院地、院校、院企”合作机制，与省内有关厅局、高校、民主党派、市、县，省外高校等建立了战略合作关系，协助部分市州建立了社会科学院。

二是开门办会，广交贤达。近年来，我院主动作为，积极举办各级各类会议，不但锻炼了队伍，而且扩大了知名度和美誉度。每年主办或承办的国际性、全国性、全省性活动近10次。如连续举办4届“生态文明与反贫困”主题论坛，连续举办7届“后发赶超”论坛等。

三是开门办刊，渐成品牌。20世纪80年代，我院创办了《贵州社会科学》《西部开发》《开发》《贵州史学丛刊》《贵州经济论坛》等一批在当时影响较大的刊物。创刊于1980年的《贵州社会科学》，经过40年的改革发展，始终面向全国、追求质量、尊重学术，以特色栏目建设和专题研究为突破口，增强期刊核心竞争力。连续多次入选南京大学、北京大学、中国社会科学院、武汉大学四家核心期刊目录。刊物连续多年获得国家社科基金专项资助。

四是开门办网，媒体发声。近年来，我院着力建好“自家网”，用好互联网，让我院的新闻资讯第一时间通过网络传播出去。精心建设自有的“一网两微”，即院官方网站、官方微博、官方微信。网站更新“全年无休”，年发布信息近千条，访问量超10万次。“一网两微”活跃度稳居全国地方社会科学院前列。此外，还加强与媒体的合作，一是近年来频频在《人民日报》《光明日报》《经济日报》刊发理论文章；二是与《中国社会科学报》《贵州日报》、多彩贵州网、当代先锋网等建立合作关系，为专家发声提供高端平台；三是邀请中央媒体和省内媒体参与报道贵州省社会科学院举办的各类学术活动。

回顾历史，我们一起走过了难忘的岁月，我们一起奉献了最宝贵的年华，取得了令人振奋的成绩；展望未来，我院科研事业发展站在了一个新的起点。贵州省社会科学院下一个新的60年仍需跋山涉水、同心奋斗！

希望我们不负韶华、砥砺前行，继往开来、再立新功，在黔中大地上做出无愧于时代、无愧于人民的真学问，铸就新时代中国特色哲学社会科学繁荣昌盛的新辉煌！

我对贵州省社会科学院的认知和发展思考

张学立①

来贵州省社会科学院工作半年，正值建院60华诞。甲子一轮回。在院长任上能经历这样一个特殊重要的日子，是一件十分荣幸的事。到院履职前，我对贵州省社会科学院的了解并不多，有一些点状或片断的印象，这6个多月令我有了更多具体实在的感受和认知。院党政办公室的同志让我谈谈在60周年之际的感想和认识，我想就如何“接着干、抓落实”来谈点思考。这得对过去、现在有所了解。

怎样才能跑好“接力棒”？为此，我认真学习了中央对地方社会科学院的要求及省委、省政府关于社会科学院的职责职能，以及本院制定的若干文件，同时阅读了石朝江同志主编的《贵州省社会科学院院史》及相关素材，还有本院部分知名专家的论著和咨政报告，并在全院各研究所各部门开展调研。其后，与有关同志一起就本院60年的建设发展经验进行交流，于是对下一步科研、智库工作有了一些初步的考虑。

贵州省社会科学院从1960年成立中国科学院贵州分院哲学社会科学研究所，历经数次变更易名，到1979年正式确定现名至今60年的发展历程中，筚路蓝缕、赓续不断，经历了一甲子不平凡的岁月。其间，历届领

① 作者简介：张学立，贵州省社会科学院院长、党委副书记、二级教授、博士生导师。主要研究方向：民族文化与认知科学。

导班子团结带领全院专家学者凝心聚力、栉风沐雨、奋力前行，创造了骄人的业绩，积淀了丰厚的历史文化，形成了富有特色的学术研究和咨政传统。对此，我由衷地表示钦佩，并致以深深的敬意！

我院特别重视地方特色和区域优势的基础理论研究，形成了以贵州地方史研究、贵州地域文化研究、贵州少数民族问题研究为代表的研究特色和优势品牌，在全省乃至全国产生了重要影响。建院60年尤其是改革开放以来，我院涌现出一批具有较高学术造诣和深厚功底的专家学者，取得一批具有较高理论价值的学术成果。他们围绕哲学、经济学、文学、史学、法学、社会学、民族学（人类学）等学科，尤其是在地方特色、区域优势、民族特点等方面深耕细作，在贵州地方历史文化、民族文化、红色文化、阳明文化、三线文化等领域作出开创性研究，取得多项重要成果。《社会学否定之否定的进程及其内在矛盾》在《中国社会科学》1982年第6期发表，《中国苗族哲学社会思想史》获第五届吴玉章人文社会科学奖，《西南军阀史》获1991年全国光明杯优秀哲学社会科学图书奖，《贵州风物志》获首届全国地理科普读物优秀奖，《贵州：让历史告诉未来丛书》《贵州建省六百年研究丛书》均是历时十余年完成的基础性、系统性文化建设工程，《贵州脱贫攻坚70年》是贵州省庆祝中华人民共和国成立70周年唯一的研究类重点出版物。国家社科基金重大项目“建设社会主义民族法治体系、维护民族大团结研究”成果得到国家领导人批示。

我认为，本院的基础理论研究工作，坚持以“不忘本来、吸收外来、面向未来”为指针，坚持以服务贵州需要、国家战略和特殊需求为旨归，在本土文化研究中彰显了地方特色和优势，努力使优秀传统文化实现创造性转化和创新性发展，在构建中国特色哲学社会科学学科体系、学术体系、话语体系上做出了贵州社科院富有成效的努力。

我院十分重视应用对策研究，在咨政建言上有深厚积淀，形成了担当时代使命、勇当“谋士”的优良传统。早在20世纪六七十年代，本院前身“哲学社会科学研究所”“省委学习室”“省委写作组”到复所立院，所从事的工作无不与咨政建言紧密关联。建院后，尤其是2004年以来，更是把应用对策研究作为科研工作的重中之重，提出了“立足贵州，研究贵州，服务贵州”，把应用对策作为主攻方向，以服务地方经济社会发展为己任，着力研究本地区经济、政治、文化、社会和生态文明建设中的重大现实问题，积极为贵州经济社会发展献计献策的工作思路。如何进一步做好应用对策研究？我院进行了可贵的探索。如改革传统管理体制，调整内设机构和学科布局；深化科研机制、研究方法等方面改革，调整科研思路，积极主动与党委、政府的决策咨询直接对接；建立科研快速反应机制，提高科研队伍打快仗、打硬仗的能力，等等。通过探索实践所形成的这些富有成效的做法，在今天看来已成为十分重要的宝贵经验，我们当坚持好、传承好。

党的十八大以来，党中央、国务院高度重视新型智库建设。2013年11月，党的十八届三中全会通过的《中共中央关于全面深化改革若干重大问题的决定》首次提出“加强中国特色新型智库建设”的任务。2015年1月，中共中央办公厅、国务院办公厅印发了《关于加强中国特色新型智库建设的意见》，为中国特色新型智库建设指明了方向，明确了智库建设新理念、新任务和新要求。贵州省委、省政府提出建设新型特色智库的明确要求和相关举措。我院高度重视智库建设，作出建设以“甲秀智库”为平台和品牌的决定，并于2019年以“国家治理体系和治理能力现代化地方实践高端智库”为名，在省委宣传部组织的首批省级新型特色智库遴选中脱颖而出，这是我院以智库命名的第一个省级咨政平台。2020年4月，经省委编办批准，又成立专门的智库管理机构——智库工作处，服务指导全院智库建设。这些工作为我院开展应用对策研究和咨政建言提供了新的支撑平台和重要保障。

60年间，我们聚焦党委所想、政府所需、社会所求担当使命勇当“谋士”，在应用对策研究的体制机制创新、平台搭建、团队建设、组织方式、运行模式等方面进行不懈探索，在智库建设上实现了新的突破，在咨政建言上取得若干重要成果。20世纪90年代，在学术界率先研究农村返贫现象。世纪之交，刊登在《求是》杂志的《精神资源与脱贫攻坚》荣获第七届全国“五个一工程”优秀论文奖。党的十八大以来，一批中青年专家关于精准扶贫等工作的研究成果，多次得到省委、省政府主要领导的批示。近年来，大数据治理、数字经济等新兴领域研究成果颇丰，国家治理体系和治理能力现代化地方实践高端智库建设高质量推进。

60年来，我院在基础理论研究和应用对策研究上取得丰硕成果，为未来发展奠定了厚实的基础。本文列举部分代表性成果以彰显贵州省社会科学院的重要成就（因时间跨度较长，难免挂一漏万。前已述及者，不再重复）：一是出版了一批精品力作。如《沙滩文化志》《郑珍评传》《莫友芝评传》《黎庶昌评传》《贵州历史笔记》《贵州通史·民国卷》《教案与近代中国》《中西文化交流700年》《人的解读与重塑——马克思哲学与东西方文化》《生态哲学三元三角模型初探》《贵州佛教史》《王阳明与贵州文化》《先秦时代儒家与道家》《彝族古代文论研究》《西江苗族妇女口述史研究》《贵州文化产业发展研究》《贵州现代经济史》《区域利益协调与深度协调研究》《贵州经济年度模型与若干政策分析》《提高贫困地区农业产业市场竞争力研究》《贵州经济区划与发展战略》等。二是承担的多项国家社科基金项目成果产生重要影响。如所主持的国家哲学社会科学规划“七五”重点研究课题《贵州苗、布依、侗、水、仡佬五个民族文化研究》，形成约120万字的五部专著于1999年由贵州人民出版社出版；1992年至2014年所主持的国家社科规划重点课题《中国国情丛书——百县市经济社会调查·遵义卷》《中国国情丛书——百县市经济社会调查·镇宁卷》《中国国情丛书——百县市经济社会调查·金沙卷》《世界三大宗教在云贵川地区传播史》《改革开放20年的理论与实践·贵州卷》《中国共产党民族法治思想研究》《中国共产党管党治党理论研究》，2015年国家社科基金重大项目《建设社会主义民族法治体系、维护民族大团结研究》等。三是在“三报一刊”发表了多篇重要文章。如《坚定政治认同　深化文化认同　加快发展步伐，不断巩固中华民族共同体》（《人民日报》2017年6月29日）、《运用大数据提升地方政府治理能力》（《光明日报》2016年5月16日）、《促进大数据与精准扶贫深度融合》（《经济日报》2018年5月3日）、《“一个民族都不能少”——贵州水族整体脱贫调研报告》（《光明日报》2020年7月10日）等。四是多项重要成果荣获社科类高等级奖项。如1987年在贵州省第一届哲学社会科学评奖中，我院有32项成果获奖。其中，特等奖2项：《贵州一览》《贵州经济手册》。其后，1993年第二届至2020年第十三次哲学社会科学科研成果奖评奖，我院专家获得大量奖项，其中《生态经济理论与实践》《贵州畜牧业经济发展战略研究》《中国不发达地区深化农村改革研究》《东西差距与社会稳定》《走出怪圈——中国西部农村返贫现象研究》《绿色的诱惑——贵州生态资源开发》《西南石漠化与生态重建》《跨世纪的水库移民方略——西南水电资源开发中少数民族移民问题研究报告》《中华文明七千年初探》《世界苗族迁徙史》《贵州与瑞士发展比较研究》《金融全球化下的中国金融监管体制改革与创新》《脱贫的逻辑》《西江模式——西江千户苗寨景区十年发展报告（2008—2018）》《贵州省新时代农民讲习所调研报告》等成果先后获得一等奖。此外，《布依族文学史》获首届国家社会科学基金项目优秀成果三等奖（贵州唯一获奖者），《文化经济论稿》获1995年中国生产力经济学会评奖一等奖，《缩小东西差距与加快贵州发展》获1997年省“五个一工程”优秀作品奖。五是若干咨政建议获得重要批示并实现应用转化。如《关于解决西南水电移民问题的思路与政策建议》(2000年全国哲学社会科学规划办公室作为《成果要报》报中共中央政治局委员)，关于“西电东送”的系列成果及建议引起国务院办公厅秘书一局和省政府办公厅的重视;《关于进一步提升我国大数据发展水平的建议》(2016年)、《茅台高市值潜在风险及引发的深层次问题值得关注》(2018年)获国家领导人批示。此外,《设立贵州大数据领域国家级联合研究项目的建议》《贵州省创业创新现状及“五大新兴”产业发展问题调研》《把台江建成“党建扶贫示范县”的行动建议》《丹寨县“四增到户”精准推进脱贫攻坚成效显著》《贵州省在迎接国家精准扶贫工作成效第三方评估中存在的九大问题与十项整改建议》《贵州大数据精准扶贫中的三大瓶颈问题及对策建议》等分别得到省委、省政府主要领导的肯定性批示。同时，在咨政服务上，主持或参与多个重要文件和多项重要规划的起草工作。如《国务院关于进一步促进贵州经济社会又好又快发展的若干意见》(国发〔2012〕2号)、《国务院关于支持贵州在新时代西部大开发上闯新路的意见》(国发〔2022〕2号)等国家重要文件，省委、省政府的多个重要文件及贵州的若干重要规划。

改革开放以来，尤其是近十余年，我院始终坚持以改革促发展、以开放谋未来、以创新求质量。先后实施“三项工程”“三大战略”，推进以质量为中心的科研转型升级；牵头实施全省“哲学社会科学创新工程”；扎实履行中国社会科学院和贵州省人民政府战略合作协议，成立了贵州省第一个文科博士后科研工作站，建立了中国社会科学院学部委员工作站。创新“院地、院校、院企”合作机制，组建了中社科(北京)城乡规划设计研究院贵州分院等20多个研究机构。以“省领导指示研究课题”、《社科内参》和《甲秀智库专报》为主要渠道的服务省委省政府决策咨询机制逐步完善、成效明显，以《贵州法治发展报告》《贵州社会发展报告》为代表的贵州蓝皮书系列在数量、质量和社会影响等方面逐年提升。《贵州社会科学》以名刊建设为目标，获得国家社科基金资助，品牌力和影响力与日俱增。全国社会科学院系统首朵“社科云”正式上线运行。举办各级各类学术会议，讲好贵州故事、发出贵州声音、传播贵州形象，“后发赶超”论坛、甲秀智库论坛、“乡村振兴与生态文明”（原“生态文明与反贫困”）主题论坛已成长为学术活动品牌。贵州省社会科学院的服务功能不断增强、影响力不断彰显、美誉度不断提升。

历经60年的实践探索，奠定了我院科研、智库高质量发展的坚实基础，为我们在新时代推动新的发展积累了许多宝贵经验。这些经验可总结提炼为“七个坚持”，即坚持把加强党的领导作为科研和智库工作的首要原则，坚持把述学立论、咨政建言作为科研和智库工作的重要使命，坚持把围绕中心服务大局作为科研和智库工作的根本出发点，坚持把为人民做学问和把论文写在大地上作为科研和智库工作的根本落脚点，坚持把改革创新作为科研和智库工作的根本动力，坚持把整合资源开门办院作为科研和智库工作的重要路径，坚持把加强人才队伍建设作为科研和智库工作的重要保障。这些宝贵经验，我们必须传承好、运用好、实践好。

在全面建设社会主义现代化国家新征程上，在开创百姓富、生态美的多彩贵州新未来进程中，我院科研和智库工作仍然处于重要战略机遇期和窗口期，机遇与挑战共存，尚有很大的提升空间。如何开创我院科研、智库工作高质量发展新局面？我认为在顶层设计上，可考虑：坚持“一个愿景”，制定“四项方略”，强化“三大战略”。“一个愿景”，即建成贵州省哲学社会科学综合研究中心、西部地区一流新型特色智库；“四项方略”，即治理（内部治理现代化）、述学（述学立论时代化）、咨政（咨政建言专业化）、民生（民生保障人本化）。“三大战略”，即科研立院、人才强院、管理兴院。这三大战略是在2009年第一次科研工作会上提出来的，坚持实施10余年来取得了重要成效。还需要特别提及的是，早在2005年，院党委、行政就启动并实施科研成果质量工程，2013年做出以质量为中心的科研转型升级的重要决策部署。这对推动全院形成视质量为生命的意识产生了积极的作用。在新时代推动高质量发展进程中，须更加突出强化质量意识。我的理解，科研是本院存在之根本，人才是本院强盛之基础，质量是本院振兴之生命线，三者之于我院建设发展意义重大，而且在高质量发展背景下强调“质量兴院”尤为必要而迫切。在60年的发展历程中积淀形成的文化弥足珍贵，是引领贵州省社会科学院发展的灵魂，关系到贵州省社会科学院的学统传承和精神塑造。因而，亦可考虑强调“文化塑院”。据此，我院管理的核心要素可以从科研、人才、质量、文化四个维度来予以强化。四个维度皆统一于我院的建设发展之中，此即“四维一体”，亦称“四维一体”办院理念。四维既张，院乃兴旺！这些想法仅为个人浅见，具体阐释及其中的内在逻辑理路在此不再详述。在实现路径上，可考虑进一步强化目标导向、结果导向和过程管理，以“放管服”改革来优化科研环境，以高质量成果为核心指标，制定以创新价值、能力、贡献为导向的评价体系，推动我院科研、智库高质量发展。

以上是我的一些初步想法，写在贵州省社会科学院60华诞之际，供讨论参考。

贵州省社会科学院是一个拥有无上荣光和无限希望的科研重镇，能成为其中的一员，甚感荣幸！在未来的日子里，我将与本院同志们一起，坚持以述学立论、咨政建言为己任，秉承贵州省社会科学院的优良传统和作风，接续奋斗、勠力前行，把论文写在贵州大地上，为繁荣发展中国特色哲学社会科学、服务贵州经济社会发展贡献社科力量！

第二篇

前辈说：筚路蓝缕
奠基立业

记首任贵州省哲学社会科学研究所所长陈大羽同志

蒋德学[①]

1978年，贵州省哲学社会科学研究所（贵州省社会科学院前身）恢复成立。首任所长陈大羽这个名字对绝大多数贵州省社会科学院的同志来说是陌生的。这是因为陈大羽同志虽然担任恢复后的贵州省哲学社会科学研究所所长一职，但由于身体原因并未来上班，不久后他因病去世。

陈大羽长期从事理论宣传教育，是抗战时期参加革命的“三八式”老干部，在冀鲁豫根据地时即从事干部理论宣传教育工作，1949年11月南下时在杨勇担任司令员的二野五兵团政治部继续从事理论教育工作。

1949年11月15日，二野解放贵州省会贵阳，11月22日成立贵阳市军事管制委员会，陈大羽被任命为军管会秘书主任。11月25日，陈大羽被军管会派往花溪区（原贵筑县）任军管会代表并接管贵州大学，同时兼任贵州大学军管会主任。贵州大学当时设有农学院、法商学院、理学院、工学院和文学院5个学院。军代表的任务是宣传党和人民政府的方针政策，保持原有的教学系统，尽快恢复教学。

① 作者简介：蒋德学，贵州省社会科学院原经济研究所副研究员。研究方向：人口学、农业经济、经济史、抗战史。

1950年年初，贵阳附近的土匪伙同国民党潜伏特务等纠集部分起义后又复叛的国民党部队破坏交通，袭击军管会的征粮队伍，攻打刚成立的基层人民政权，杀害农村基层干部。1950年年初，根据二野刘邓首长命令由杨勇率五兵团主力16军和18军赴四川成都参加会战。贵州各地土匪趁贵州兵力空虚，纷纷挑起暴乱。贵州大学内有几十名校警，有的里应外合勾结土匪，准备参与叛乱。陈大羽当机立断，立即下令收缴校警的枪支，并将校警送往贵阳军管会关押起来，消除了学校面临的隐患。

1950年4月，有数股土匪袭击贵州大学，并将贵州大学围困10多天，断水断电，打死打伤几名学生和校工，抓走65名学生和1名校工，并将抓去的学生和校工关押在青岩。陈大羽将土匪袭击贵州大学并抓走学生之事向省委和军管会报告，要求立即派军队营救学生。此事还惊动了刚从苏联出访归国的毛泽东主席。毛泽东主席立即下令要清剿土匪，解救学生。贵州省军区立即派出三个营近2000人的兵力对盘踞在青岩的土匪进行合围清剿。在围剿土匪战斗中，陈大羽十分关心学生安危，战斗打响后，看守学生的土匪无暇顾及学生，纷纷出来负隅顽抗。学生们见没有匪徒看管，这些学生没有见过打仗，于是纷纷出来看解放军围剿土匪，看见解放军打死打伤土匪后，拍手称快。陈大羽见状忙大声对站在寨子外围观的学生喊："快趴下，快趴下。"这些学生见学校军管会陈主任亲自带领解放军解救他们，并命令他们卧倒，十分感动，于是纷纷寻找安全地方躲避。战斗最激烈时，陈大羽端着机枪向土匪扫射。经过一天的战斗，打死打伤近百名土匪，其他土匪纷纷逃走，才将全部学生和校工解救出来。这是1950年4月18日的事情。

这里值得一提的是，1951年年初，贵州大学成立校务委员会，陈大羽任校务委员会主任。11月，贵州大学校务委员会副主任陈述元教授，被派往北京中央革命大学学习期间，相遇毛泽东在湖南第一师范学校学习时的同学周士钊先生。陈述元拜托周士钊恳请毛泽东主席为贵州大学题写校名。周士钊应允了，并将此事向毛泽东主席报告。毛泽东主席十分关心贵州的教育，立即题写了“贵州大学”几个大字，用中国人民革命军事委员会用签纸书写，写好后并派自己身边的工作人员送到在中央革命大学学习的陈述元处。陈述元接到毛泽东主席题写的“贵州大学”校名，心情激动万分。连夜电告校务委员会主任陈大羽同志，陈大羽立即向贵州省委汇报。毛泽东主席题写的“贵州大学”校名原件现保存在中国人民革命军事博物馆。

1952年年初，陈大羽转业到贵州省委宣传部从事理论宣传工作，任贵州省委宣传部首任理论教育处处长。1955年升任宣传部副部长。当时的首任贵州省委宣传部部长是王辉球，王辉球后调任空军政治部主任，1955年授衔中将，1956年调原红四方面军老战士、中华人民共和国成立初期任长春地质学院党委书记兼院长的汪小川任中共贵州省委常委兼中共贵州省委宣传部部长，陈大羽任宣传部常务副部长。粉碎江青反革命集团后，1977年汪小川调任北京大学党委副书记、副校长，后又调任国家文物管理局副局长。1978年年初，根据中共贵州省委部署，恢复成立贵州省哲学社会科学研究所，省委宣传部提名陈大羽任所长。

陈大羽同志对马克思列宁主义、毛泽东思想的基本理论功力深厚，对哲学、社会主义经济学理论也有很深的造诣。新中国成立初期，在贵州省参加革命的大批青年学生热情高，但是马克思列宁主义基础理论薄弱，陈大羽根据省委安排，组织马列主义、毛泽东思想基础理论培训班，以提高青年学生的理论水平，为各厅局培养了一大批理论宣传干部。

笔者在省委原写作组工作时曾与陈大羽部长见过一面。当时省委写作组办公地点在八角岩。而省委宣传部在南明堂省委大楼，写作组平时学习均在宣传部。1977年年初的一天，我到省委宣传部研究室办事，适逢陈部长在那里与研究室主任徐用度谈工作，当时研究室一位姓周的同志向我介绍说："这是陈部长。"同时又向陈部长介绍说："这是写作组的小蒋同志。"我连忙向陈部长说："陈部长好。"陈部长点头回答说："好，好。"我办完事情后即离开了。当时陈大羽部长身体不适，宣传部的各种会议都很少参加。

1978年1月，省委写作组撤销，以省委写作组搭架子恢复筹建哲学社会科学研究所。当时省委宣传部向省委的报告提出，由宣传部副部长陈大羽兼任哲学社会科学研究所所长，后来中共贵州省委批复同意陈大羽同志为哲学社会科学研究所所长。以陈部长的理论功力和在贵州哲学社会科学学术界的威望，是当之无愧的。

其实，查询相关资料，1960年6月28日中共贵州省委宣传部在给省委成立贵州省哲学社会科学研究所的请示报告中（60–034号），省委就批复同意建立中国科学院贵州省分院哲学社会科学研究所，由省委宣传部副部长陈大羽兼任所长。当时成立哲学社会科学研究所的原因是，贵州省的"理论工作远不能适应革命和建设发展的需要，特别是从社会主义建设大跃进以来，实际生活提出许多重要的问题，需要我们认真做好理论研究工作，系统地学习马列主义、毛泽东思想，以便于帮助干部提高理论水平，做好工作。为此建议迅即成立我省哲学社会科学研究所"。但是当时属于国民经济困难时期，1962年因国民经济调整，精简机构，哲学社会科学研究所被移交给省委宣传部，更换名称为省委学习室。陈大羽在哲学社会科学研究所工作有2年时间。1978年中共贵州省委宣传部向省委提交报告（省宣字1978年4号）恢复成立贵州省哲学社会科学研究所，建议仍由省委宣传部副部长陈大羽同志兼任所长。

哲学社会科学研究所恢复成立后，陈大羽由于重病在身，并没有来所里上班。几个月后，陈大羽因病去世，享年63岁。

因为陈大羽副部长兼任贵州省哲学社会科学研究所所长，所以研究所的全部人员（当时筹建之初实际上仅有六七个人）均参与陈所长的丧事筹备活动。接待各单位来参加追悼会的人员。追悼大会在遵义路省展览馆举办。

根据我的记忆，当时展览馆大厅里摆满了从中央到全国各省宣传系统送来的花圈，有中宣部理论局、宣传局、办公厅；有相邻的四川省、云南省委宣传部等部门集体送的，还有时任四川省委宣传部副部长、著名作家马识途，重庆市委原书记任白戈等以个人名义送的花圈。另外还有部分在战争年代陈大羽同志曾经的领导、战友、同事送的花圈，如时任铁道部部长段君毅，曾任贵州省领导后调任辽宁省领导的陈璞如。在我的记忆中，追悼会很隆重。虽然后来也参加过一些追悼会，但大多是在火葬场的殡仪馆追悼大厅举行，在展览馆举办如此盛大规模的追悼会还是第一次。

陈大羽同志在理论上坚持实事求是、不崇上、不媚俗、刚正不阿的性格给我留下了深刻的印象。不唯上，不唯书，只唯实，这正是一名优秀的哲学社会科学工作者应具有的优秀品格。斯人远去，风范长存，将激励社会科学工作者勇毅前行！

在贵州省社会科学院工作的日子里

蒋南华[①]

1996年1月，我在贵州教育学院工作整整十年之后，经上级组织决定，把我调到贵州省社会科学院任院长之职。这时我已是年近57岁的人了，离法定的退休年龄还有3年左右（加上我是享受国务院特殊津贴的专家可延长5年，也才8年左右）我不愿放弃驾轻就熟的业务，再去一个新单位，重新去数“碗筷”。但组织的决定不容更改，我只好硬着头皮去新的单位“拼命”。

贵州省社会科学院从1978年复所建院到我进院时快20年了！但这个有科研人员近200人的事业单位，却没有一栋高知宿舍，也没有图书馆，科研人员所在的几个研究所连一台电脑都没有。因此，我的工作，除了加强科研人员和全体职工的政治思想建设，提高其政治思想素质及其工作业务水平外，还应努力创造条件，加强硬件建设，提高科研人员的科研积极性（如设立中青年科研基金、鼓励和支持青年科研人员外出进修提高业务水平）。我绞尽脑汁，想方设法，向省政府及主管部门争取专项资金，新建了高知宿舍楼、图书馆大楼，并为各科研所配备了电脑和图书资料的专项经费。还同贵阳市市长打交道，争取了因占用我院土地建设公用设施的

① 作者简介：蒋南华，贵州省社会科学院原院长、党委副书记、教授。主要研究方向：中国古代文学、古代天文立法和古代文化。

补偿，扩大了我院职工每户的住房面积，从而大大改善了全体科研人员的居住条件，并逐步解决了全院职工的住房困难问题。

我办事从不夹带私心，从不假公济私。我的住房按规定还不达标。我女儿大学毕业，分配到了贵州省社会科学院工作。但我并没有因此而要求贵州省社会科学院分给我一套房子。当省委组织部分管文教科研系统干部工作的副部长董德明同志提出在贵州省社会科学院给“安排一套住房”时，都被我谢绝了。心想：贵州省社会科学院的高知宿舍楼，是我抱着“修不成高知宿舍楼，我辞去院长不当”的决心，才争取来的。我若是要了，岂不是有假公济私之嫌吗？……

我在为贵州省社会科学院向省政府申请购买《四库全书》的专项经费时，也为贵州大学、贵州师范大学等高校图书馆争取了购买《四库全书》的专项经费。我对主管财政的副省长说：“对从事社会科学研究的人员和大学师生，尤其是文科的师生来说，图书资料如同从事自然科学和理工科的师生需要烧瓶、试管和其他实验仪器、仪表一样重要。”

在贵州省社会科学院工作期间，我还做了两件有意义的事情。第一件事是我刚进贵州省社会科学院时听说院里的科研人员在原副院长石争同志的主持下，完成了一项《贵州少数民族文化研究》课题，因无出版经费而被搁置了。我听说后便请时任科研处处长欧多恒给省财政厅写了个申请出版补贴的报告。由我找省政府原省长王朝文和省政协主席龙志毅在报告上签字，向省财政厅要了20万元的出版费，解决了该丛书的出版问题。第二件事是1998年改革开放20周年，中国社会科学院要求各省社会科学院出版纪念文集。我当即请欧多恒处长向省财政厅写了一个要求拨给专项经费的报告。欧多恒同志在报告中提出要5万元。我将“5万元”改为“50万元”，并亲自找时任省长吴亦侠同志批示给了省财政厅，顺利解决了纪念文集的调查研究、资料搜集和编辑出版等问题。

此外，我还决定给各科研所和办公室（我的除外）安装了空调，改善了同志们的办公条件。

我本人在社科研究上也做出了不少成绩。

从1986年起，我先后出版了《屈赋注解》（贵州人民出版社1993年）、《屈原及其〈九歌〉研究》（贵州人民出版社1992年）、《风骚余论》（贵州大学出版社2009年）、《郑知同〈楚辞考辨〉手抄本校注》（贵州人民出版社2003年）、《中华传统天文历术》（海南出版社1996年）、《中华古历及其推算举要》（上海大学出版社2016年）、《中华文明七千年初探》（人民出版社2002年）、《中华人文稽考》（人民出版社2017年）、《荀子全译》（贵州人民出版社，后台湾古籍出版社1996年重印）、《中华古帝与文明研究》（贵州人民出版社2009年）、《中华文明源流新探》（贵州人民出版社2013年）、《不灭的灵光——中国古代名人轶闻录》（贵州人民出版社2015年）、《诗魂与酒魂——贵州酒文化掠影》（贵州民族出版社2006年）、《神奇绚丽的贵州文化述略》（民族出版社2018年）、《梵净武陵中华文明之源初探》（贵州人民出版社2015年）、《唐宋八大家名篇注释之八·欧阳修散文》（新疆青少年出版社2017年）、《神奇绚丽的贵州文化述略》（民族出版社2018年）、《中华古历浅说》（北京出版社2020年）等中国古代文学、古代天文历法和古代文化研究的学术专著。《中华文明七千年初探》荣获贵州省哲学社会科学成果一等奖；《中华传统天文历术》荣获贵州省哲学社会科学成果二等奖；《中华古帝与文明研究》荣获贵州省哲学社会科学成果三等奖；《荀子全译》荣获国家“五个一工程”奖。另外，我还主编、参编、参著了文化和学术性著作，如《国魂颂——中国古代爱国主义作家与作品一百讲》（贵州教育出版社1995年）、《铎声——贵州省大学语文研究会首届学术论文讨论会论文集》（贵州人民出版社1988年）、《切磋集——贵州省古典文学学会首届学术讨论会论文集》(贵州人民出版社1993年)、《楚辞研究》(中国屈原学会论文集，文津出版社1992年)、《岁月流韵》(中国戏剧出版社2011年)、《花溪晚晴》(华文国际出版社2018年)等二三十部。发表了各类学术论文200多篇。粗略统计，近些年发表的39篇论文，已被全国数十家丛书、文献、文集、宝典、精粹、总览、档案、文库、大全收录。

这些年来，我在中国古典诗词等文学艺术作品的创作方面，也取得了骄人的成绩。先后出版了《月笼秋水耀金龙》(中国文联出版社2004年)和《秋水芙蓉——人文山水抒情诗选集》(中华文化出版社2017年)诗文选集两部，在各类报纸杂志上发表的许多诗词和格言，先后被编入《全球优秀华人诗歌颂典 永恒的光芒》(华人国际新闻出版集团2012年)、《祖国万岁——建国60年艺术精品纪念大典》(中国文联出版社2010年)、《中华精英颂歌贺盛世》(团结出版社2008年)、《中华精英盛世感言录》(团结出版社2008年)、《中国当代艺术家档案》(中国民族文化出版社2007年)、“和文化相约 与大师同行”《唐诗三百首》(中国电影出版社2014年)、《中华英才大典》(中国经济出版社2001年)、《中外哲理名言》(中国文史出版社2010年)等各类文学艺术作品专集及其辞典。

上述学术成果，得到了党和国家的充分肯定，我不仅被评为中国国学院中国国学专家，1998年12月还被中共贵州省委和省政府批准为首批“省管专家”，并于1992年10月1日被国务院评为终身享受政府特殊津贴的专家。此外，还被贵州省人民政府聘为贵州省文史研究馆馆员。曾被推选担任中国屈原学会常务理事、副会长、名誉会长；中国诗经学会理事、《发现》杂志社副理事长、中国西南地区民族文化研究会副会长、贵州古代文学学会常务副会长、名誉会长、贵州中学语文学会理事长、贵州民族文化学会副会长、顾问；贵州易经学会副会长、顾问；贵州省诗词学会顾问、同心诗社社长以及世界教科文卫组织专家组成员、中国艺术家交流协会终身名誉主席等各种社会兼职和荣誉职务。

鉴于我在“中国古代文学、古代天文历法和古代文化理论研究与实践方面的突出贡献及所取得的成就已为社会所注目”，有的“成果在学术上取得了重大突破…… 填补了学术领域的相关空白”。其《楚辞》研究，“独树一帜”“独具灼见”“弥纶群言”，其“《屈原生年考辨》用四种纪年法和四分历术推算屈原生年，互相验证，打破前人的错误结论。”“《考辨》超迈前贤，是屈原生年研究的科学总结”。其《中华传统天文历术》是“夏商周断代研究的一把钥匙。”《中华文明七千年初探》“运用历史典籍、出土文物、天文历法及其历点推算等大量材料分析、论证，得出了中华文明始于七千年以前的科学结论。从而把我国的文明历史，整整提前了两千余年。”因而我的业绩被编入《世界华人突出贡献专家名典》等中外各类辞书。

还由于我在全国各类刊物和领袖诞辰纪念、北京奥运等重大国事活动中，发表诗词和格言等文学艺术作品而引起国家有关部门和社会组织及新闻媒体的关注，诗作、格言被收入《中华人民共和国成立60周年・中国当代诗词格言名家精品集》《近百年中华诗坛拾粹》《世界汉诗年鉴》《新时期中国共产党人优秀格言选集》《纪念毛泽东同志诞辰110周年艺术精品集》等，并荣获“中国大众文学百花奖文学优秀奖”等奖项。

基础理论与应用研究并重　学科建设与建言献策同行

石朝江[①]

2020年是贵州省社会科学院建院60周年。贵州省社会科学院前身是1960年批准成立的贵州省哲学社会科学研究所，1962年更名为省委学习室，1972年省委学习室无形中消停，1974年成立省委写作组，1978年以省委写作组搭架子恢复贵州省哲学社会科学研究所，1979年由贵州省哲学社会科学研究所升格为贵州省社会科学院。

贵州省哲学社会科学研究所成立初期，就在基础理论与应用研究方面取得了不少成绩。如在基础理论研究方面，一是编写了《政治经济学教材》，二是编写了《第三次国内革命战争时期大事简记》，三是摘编《什么是社会主义，什么是共产主义》等；在应用研究方面，先后派出3个调查组分赴安顺、镇远、贵定、兴仁、兴义等地调查农村经济发展问题，派出1个调查组到贵阳市的厂矿企业对国营工业企业经营管理进行专题调查研究。农村、工业调查组分别将调查研究报告报送省委宣传部和有关部门，对全省农业、工业发展起到了一定的指导作用。

① 作者简介：石朝江，贵州省社会科学院原副院长、巡视员、二级研究员。主要研究方向：民族人类学、苗族文化。

省委写作组发表在《红旗》杂志1975年第7期的《努力使主观符合客观》，是贵州省最早在《红旗》杂志发表的文章之一，1977年又在贵州人民出版社出版了《管天的哲学》等。

1978年恢复贵州省哲学社会科学研究所，尤其是1979年升格为贵州省社会科学院后，贵州社会科学研究事业蒸蒸日上，人才辈出，涌现出一大批贵州社会科学研究的领军人物。

在基础理论研究方面：周成启的政治经济学理论研究，肖沉冈的文学语言学研究，冯祖贻的中国近代史研究，蒋南华的古代天文历法研究，石朝江的民族人类学研究，徐圻的东西方哲学研究，雷厚礼的执政党理论研究，索晓霞的民族文化研究，于民雄的先秦文化研究，王建的中国古代文化研究，王路平的宗教学、王阳明研究，王鸿儒的夜郎文化研究，史昭乐的马克思主义辩证法研究，韦启光的哲学与民族文化研究，叶小文的社会学理论研究，刘之侠的少数民族民间文学研究，刘毅翔的贵州地方史研究，邬锡鑫的哲学、美学研究，何积全的民族文化学研究，李子和的文化社会学研究，李双璧的思想文化史研究，李建国的古代文学研究，李德芳的社会学理论研究，张劲的现当代文学研究，张晓的民族文化和少数民族妇女研究，张亚新的古典文学研究，陈训明的俄罗斯文学研究，林建曾的贵州文史研究，范同寿的贵州地方史研究，黄万机的沙滩文化研究，熊宗仁的何应钦研究，潘年英的少数民族文学研究，等等。以上科研人员绝大部分著作等身，各自在自己的研究领域，不仅在贵州处于顶尖的水平，在全国也产生了一定的影响。

在应用对策研究方面：石争的区域经济学研究，龚晓宽的中国西部地区经济发展研究，谢一的区域经济学研究，徐静的经济学生态学研究，肖自立的经济学研究，王干梅的发展经济学研究，刘庆和的国民经济理论与政策研究，孙国锡的应用经济理论研究，牟代居的农村经济学研究，宋明的发展经济学研究，张爔的数量经济学研究，张万铎的区域经济研究，杨芳惠的农村经济发展研究，杨晓航的生态与环境研究，林国忠的贵州经济史研究，胡晓登的产业经济研究，胡雄杰的贵州地方政治、经济研究，贺宗唐的山区农业经济发展研究，聂秀丽的农村经济发展研究，康明中的城市工业经济研究，谢家雍的生态经济学研究，鲍昆明的畜牧业经济研究，等等。许多应用经济研究成果直接进入了省委、省政府的决策。

1978年至2010年，是贵州省社会科学院的黄金期，这三十来年之所以成果丰硕，人才辈出，我认为主要原因有以下三点：

一是领导得力风气正。院领导以身作则，不搞帮派，带头坐班、带头搞科研，不搞科研的则尽力为科研人员解除后顾之忧，为科研人员做好服务。比如康健、冯迪民两位老院长，他们自己不搞科研，带领大家搞科研，成为科研人员的知心朋友，他们从来不在别人的科研成果上署上自己的名字。

二是科研人员自己要搞科研。由贵州哲学社会科学研究所升格为贵州省社会科学院后，发展很快，严把进人关，为了堵住开后门的现象，采取招考研究生班的办法择优选人。进贵州省社会科学院的人有的是高中生，有的是大专生，有的是本科生，最高学历的一个是研究生，即是冯祖贻副院长，后来又增加一个研究生，即胡晓登所长。大家学历虽然不高，但都是冲着科研这一神圣的职业而来，到贵州省社会科学院后都根据自己的特长和爱好，自觉地选择自己的研究方向，从最基础的建立卡片、深入调查研究、广泛征集资料等做起。比如康健老院长带领几十个青年科研人员深入贵定县调查乡规民约，练就了这批科研人员的社会调查基本功，后来全部成为贵州省社会科学院乃至贵州省的社科研究骨干。

三是从事哲学社会科学研究没有什么价钱可讲。科研就是任务，科研就是本职工作，有报酬要干，没有报酬也要干，干就一定要干好。大家都乐于吃苦、甘于奉献，都是本着一种积极向上、比学赶帮、不甘落伍的精神。有的同志几试身手，觉得自己不是科研的料，或要求调走，或要求调整岗位。短短的十多年的功夫，造就出了一批贵州社科各领域的学术带头人。

进入21世纪第二个十年后，随着一大批学术骨干或退休或离世，贵州社科各学科的带头人大多不在社会科学院；从事短平快研究的多，从事基础理论研究的少；在许多学科研究领域，贵州省社会科学院已失去话语权。

天津社会科学院蔡玉胜所长在《中国社会科学报》发表了《重新考量地方社科院智库定位》的文章，他说了这样一段话，笔者深以为然。“作为专业的社会科学研究机构，社会科学院既不同于高校的基础性和教学性研究，也不同于政府部门的短平快研究，它既有系统的基础理论研究基础，又有和政府与实际部门密切联系的传统，既能集中理论研究区域经济社会发展中系统性、战略性问题，也能够胜任具体领域的以问题为导向的应用研究。”

笔者认为，地方社会科学院一定要基础理论与应用研究并重，学科建设与建言献策同行，一定要鼓励支持引导一批科研人员从事有地方特色的基础理论研究，不要一味地追求短平快和经济效益。

复所立院期间举办研究生班的几点回忆

冯祖贻[①]

我院（最初叫贵州省哲学社会科学研究所）在1978年恢复后，即大张旗鼓地刊登招生简章，宣布在全省范围内招收改革开放后首批研究生，共四个专业，四十余人。这批研究生结业后，大部分留院，少部分分配到省委宣传部及其他单位工作，为我省在党的十一届三中全会以后宣传理论、科技文化事业的大繁荣、大发展做出了重要贡献，特别是留院工作的同志，日后成为我院骨干力量，不仅本人成果累累，也为我院工作蒸蒸日上打下了坚实基础。时光荏苒，当时主持研究生班办班工作的冯迪民、王瑞迎两位领导均已故去，参与此项工作的同志，有的已离开贵州，留下的，也如我一样须发苍然。然而，每每谈及建院初期的往事，包括招收研究生班，总是恋恋不舍。

贵州省哲学社会科学研究所招收研究生班的大背景，离不开邓小平同志亲自抓科学和教育工作后恢复高考招生的伟大变革，既然高校都已恢复考试入学，那么新恢复建立的科研单位（如我院）为何不能通过考试招收人员？这是理所当然的。我记得1978年上半年准备调我入院时，冯迪民、王瑞迎两位领导均对我说过类似的话，两位领导对我本人研究生的学历特

---

① 作者简介：冯祖贻，贵州省社会科学院原副院长、研究员。主要研究方向：中国古代史、中国近代史、地方史。

别感兴趣，询问过不少研究生如何考试入学、专业如何设置、课程如何安排等问题。还提及准备招收研究生，我即是将来带领研究生的人选，所以将我调入时也连带家属一起调进。

冯迪民、王瑞迎两位领导特意安排武叔修去北京向当时国家教委咨询、汇报。我当时恰好在北京参加《辛亥革命史》编写，所以，北京一行我是全程参加的。武叔修在北京与我会合后，交代了冯迪民、王瑞迎二位领导传达的省委意见。说实话，我对此事是有疑虑的，因为贵州当时的做法，与“文化大革命”前研究生制度并不一致，再加上“文化大革命”时“砸烂研究生制度”的“极左”思潮，我本人是受害者，也是亲历者，这次去国家教委，将会有什么结果，并不抱太大希望。

我与武叔修同志汇报了贵州的想法后，得到国家教委的大力赞扬，因为他们在恢复普通高校经过考试入学后，下一步也在考虑恢复研究生入学考试制度，还说贵州的想法与他们是一致的。在思想解放上已走在全国前列了，不仅鼓励贵州可以摸索前进，还希望与他们多加强联系，有什么事可以找他们。在京期间，我们还一起拜访了中国社会科学院（当时叫中国科学院哲学社会科学学部）、北京大学、北京师范大学等高校和科研单位，他们对招收研究生一事尚未起步，但对过去研究生招生、培养等技术层面问题，介绍了不少经验和做法。

在当时的国家教委、省委的支持下，我院（所）招收研究生工作便进入了实施阶段。1978年12月，《贵州日报》连载三天招生简章，引起全省上下广泛关注，尤其是“文化大革命”中高校毕业生、已在基层就业的同志。记得我在科学路原中苏友协小楼上值班，就接待过不少来自基层的同志，还有他们的家属，面询招考研究生事宜。有一位女士代她爱人来咨询时，再三问：“招生是否有内定名单，考试是否是‘走过场’‘陪太子读书’，最终能否做到按分数高低录取等。”看样子对这次考试能否做到公平、公正是有疑虑的。

为了做好考试、录取工作，所内正式成立了命题小组，除所内同志外，聘请了省内高校及其他科研单位人员。我记得参加历史专业命题的就有贵州大学侯绍庄等人。笔试、面试时，因我在人民出版社编书，没有躬逢其盛，回贵州时已发榜了。后来对这次考试是否公平、公正，我曾面询过已录取的研究生班同志。回答是一致的，做到了公平、公正。因为已录取的同志中，成绩的划分是公开的，而且判卷老师多是他们原来的老师；已录取的研究生又大多来自基层，在县及县以上单位工作的同志居多，贵阳的较少；大多为“文化大革命”前后的高校毕业生，甚至还有成绩优异的高中生。贵州省社会科学院建院初期，无论领导还是下面的工作同志，其风清气正的作风是有目共睹的。

研究生班开学前，院内还做了准备：因为缺乏院址（建所之初在省府大院五号楼仅有几间办公用房，后又收回科学路中苏友协、省京剧团的几间房），所以只能临时租用了位于市郊小关的贵州省农业干部学校做研究生班学员住房、教学场地；又按四个专业划分，组成了学习指导小组；武叔修负责哲学专业，我负责历史专业，肖沉冈、何积全负责文学专业，孙国锡负责经济专业，指导教师基本都与研究生班学员在小关吃住在一起；聘请省内高校及其他研究单位的教授、研究员等专家担任专业课教师。仅历史专业就聘请了侯哲安（贵州省民族研究所所长），周春元、项英杰（贵阳师范学院教授），张振珮（贵州大学教授）等人。各专业均设置外语（英语、俄语均有）。从课程设置而言，其时间安排长短不一，有的甚至不能算课程，只是学术报告，但其中也不乏学术水平很高的，在我心目中已不逊于“文化大革命”前正规大学研究生课程水平，如张振珮教授的《史部目录学》。每逢张先生来小关讲课，各专业学员都是早早在教室中坐定。其他受聘上课教师也都很认真备课。他们都以被贵州省社会科学院聘请给研究生班上课为荣。

后来康健来院任院长，冯迪民、王瑞迎两位任副院长，康院长对任课教师更为尊重，特别是老教授们。他曾屡屡对我们几位院内指导教师强调，一定要“尊老敬贤”，尊重知识。院内起初只有一部北京吉普车，指定要保证接送讲课老师使用。还交代，为表示贵州省社会科学院诚意，要我们随车接送。后来我与几位老教授成了忘年之交，也常在他们家出入，如张振珮公子张新民就是那时认识的。

为了做到理论与实际相结合，各专业还选定了一些课题，与实体单位合作实施。刚好省档案馆要整理档案，经过郝文征同志联系（历史所原所长），决定由我带领全部历史专业研究生范同寿、熊宗仁、林国忠、林建曾、刘毅翔、吴敦俊进档案馆（在花溪），整理旧政权时期档案。经过数月劳作，成绩斐然，为档案馆发掘出不少后来定为一级藏品的珍贵档案，同时也为历史所积累了部分资料（油印了七八大册）。在档案馆的工作也让研究生们学会如何梳理档案、收集资料的本领，这是历史所一建所便迅速进入正规研究渠道，取得很大成就的原因。

回想起来，贵州省社会科学院建院之初招收研究生班的目的是为了贵州社会科学事业能吸引和留住人才，人才留住了，目的便达到了。加之研究生班学员大多来自基层，家庭负担重，急于成为正式工作人员，并不在乎学历。所以到1980年，院内便酝酿着让研究生班结业的想法。明知这样做可能与当时教育部正式公布的研究生制度不合，但也要争取一下，所以王瑞迎副院长特地去教育部请示。不出所料，北京要求我院一定要严格遵守研究生三年才能毕业的学制；此外，毕业的研究生一定要进入全国计划，由全国统一分配工作，不能在省内分配。王瑞迎副院长回黔后，向我们传达教育部的意见后，虽然大家很失望，但也只能如此了。

尽管贵州省社会科学院招收“研究生班”最终没有得到教育部的承认，

不能颁发硕士研究生文凭，但作为改革开放之初，贵州省委和贵州省社会科学院领导的一次重要举措，其敢于打破常规、解放思想的初衷还是值得肯定的，从效果上看也是成功的，且不说“研究生班”涌现了如叶小文、陈俊杰、黄钧儒等省部级和地厅级领导干部，只要稍微翻阅一下20世纪80年代到21世纪初的国家级期刊和省级各种学术刊物，就不难发现由贵州省社会科学院原“研究生班”培养出的研究员、教授等专家的名字。

追忆参加复所立院期间的筹建工作

周广敏[①]

1978年2月，中共贵州省委决定恢复贵州省哲学社会科学研究所，前研究所在编人员和各种设施已一无所有，恢复研究所，工作量非常之大。

首先是要有人。要有各学科的研究人员，与研究工作相适应的各种工作人员，党政部门的工作人员、后勤部门工作人员等等。这些人员要从外单位调进来。当时负责人员调动工作的干部只有胡雄杰同志一人，还暂调省委，人员调动工作陷于停顿。财务等工作也要立即启动，筹备组负责人冯迪民、王瑞迎同志紧急报告省委，省委组织部根据筹备组的提名，免于协商，硬性下令调进四名干部，我是其中之一。

我报到之后，两位领导安排我负责调进干部的工作，并介绍了一些调进干部工作的情况。尽管困难重重，领导要求我多做宣传解释工作，千方百计把人调进来。

我接受调进干部的任务时正患甲型肝炎，体力较差，骑自行车很慢，上坡时要下车步行。体力差影响了工作，两位领导把当时所内仅有的一辆北京吉普车改为专调干部使用，两位领导外出工作骑自行车。领导的这个决定，使我很受感动。不仅如此，王瑞迎同志还想了一个更深一层的

① 作者简介：周广敏，贵州省社会科学院原工会副主席（正处级）。

办法，他亲自给我治肝炎。他是自学成才的中医，会开处方医病。他给我开了处方治肝炎，但处方里的一味草药，中药店买不到。王瑞迎同志说："我们到山里去挖。"一个星期天，他叫上我，带上工具到40多公里外的深山挖草药。出发前他请夫人魏大姐做了三块大饼给我们做干粮。我内心颇感温暖。在山上灌木丛中，我们披荆斩棘，挖到了草药。这个草药名字叫臭藤，此药有着奇异的臭味。经过几个月的治疗，我的肝病逐步减轻，已经接近痊愈了。后来又调来了田景义同志和我密切配合，工作进展加快。

在省委宣传部副部长张一凡和冯迪民、王瑞迎同志的领导下，到了1978年年底，调来了将近20位政治合格、学识优秀的高中级人才，他们就是后来在贵州省社会科学院任职的肖沉冈副院长、经济研究所的副所长孙国锡研究员、社会学研究所的所长李德芳研究员和科研组织处处长欧多恒研究员，还有几位副研究员。他们既是领导骨干，又是学科带头人。

1978年11月，在继续做调干工作的同时，领导又指派我负责图书资料室的筹建工作。当时已经报到并接受研究课题的研究人员十分需要图书资料，而图书资料室一无所有。为了尽快解决研究人员的急需，尽快为研究人员提供图书资料，我们采取了两个办法：一是按各研究组的专业需要向邮局和各出版单位订购报纸杂志和图书资料；二是组织图书资料室全体人员和暂无研究课题的研究人员近10人，分别到北京、上海等大城市和本省的一些县市购买图书资料。

1979年春，订购的报纸杂志资料摆进了阅览室，各路购书同志所购进的上万册图书也到达单位。

图书资料室全体员工投入编目，以最快的速度提供给研究生班师生使用，为已经投入研究课题的研究人员提供了部分图书资料。但总体上来看，图书资料偏少，远远不能适应研究人员的需要。为了适应需要，主要采取向全国各地出版单位订购新书的办法，较快地增加了书刊的数量，包括马列主义、毛泽东思想、邓小平理论等经典图书，以及哲学、经济、历史、文学类等图书和各类报纸杂志及报纸杂志复印资料。两三年内图书资料室藏书增加到三万余册。

图书资料迅速增加，按进书时间的先后登记和借阅的方法进行流通。但是产生了借书的困难。读者看了很多册书，还见不到需要的图书，所以分类编目才能方便使用。我们便采取中国图书馆分类法即中图法按类别编目加工，这样就好找了。但是当时工作人员只有个别人会使用这个方法，为此，对不会使用这个方法的人进行培训，使其迅速参加分类编目工作。为了加快速度，还请了几个临时工帮助。为了长远解决这个问题，我们不断派人到省图书馆训练班进行培训，以提高图书分类编目的技能。

在建院初期，我们遇到了一个很大的问题，就是更换场所，图书要搬家。搬家时需要分门别类打包，搬到新场所后，再分门别类地解包上架。这个工作只能由图书资料室的人员来担当，不可以由搬运工来做。三年内，图书资料室搬了三次家。第一次由省政府办公楼搬到省农校，第二次搬到油榨街周转房，第三次搬到贵州省社会科学院办公楼，仅第三次的图书就有300多包。图书下架、打包、搬运到再拆包、再上架、再搬运，反复再三，出大力，流大汗，耗力甚大。有的同志说："我们是艰苦的搬运工"，有的同志美化一下说："我们是光荣的搬运工"。脑力劳动与体力劳动相结合，脑力劳动者在必要时承担部分重体力劳动是工作急需，当然是光荣的。

我为复所立院贡献力量

李德芳[①]

1978年注定是不平凡的一年。邓小平领导科学文化教育拨乱反正，主持召开了全国科学大会，全社会迎来了“科学的春天”。伴随着科学春天的到来，科学受到重视，知识分子重新得到尊重，中国科技事业、科研单位全面复苏。正是在这样的社会氛围下，我省哲学社会科学研究所恢复重建了，我也于当年年底奉调进入贵州省哲学社会科学研究所。我来时，社科所刚刚恢复重建只有几个月，人员仅有二十几个，共建有哲学研究组、文学研究组、历史研究组、经济学研究组、学会办公室及研究所办公室。我所在的哲学组只有三个人。大家挤在省政府5号楼二层的五间办公室里。四五个人挤一间不到10平方米办公室，多数人连办公桌都没有。加之该楼层主要是团省委的办公地，人员来往很多，环境嘈杂，根本不具备做学问搞研究的条件。好在大家都知道这是单位的初创期，只要共同努力，未来一定会更好。一晃几十年过去了，经过几代人的不断努力，现在的贵州省社会科学院人才济济、成果累累，办公条件、住宿条件极大改善，同当年初创时的社科所相比，有了翻天覆地的变化，也不可同日而语。作为一名较早进入贵州省社会科学院的老职工，愿意在建院60周年

① 作者简介：李德芳，贵州省社会科学院社会学研究所原所长、研究员。

之时，把自己在建院初期所做的点点滴滴记录下来，与大家分享，目的是愿同大家一起不忘初心，砥砺前进，把贵州省社会科学院办得更好。

一、在办公室当了兼职“送信兵”

建所初期，一片空白，人少事多，一切都得从头做起。那时大家不讲职务、不论年龄、也不管专业，有事大家一起干。当时，冯迪民、王瑞迎两位领导为单位争取经费，为单位的人才引进，为单位的办公地的选址，整天在省市各有关单位周旋，可以说不分白天与黑夜，当时办公室只有两个工作人员，忙得团团转。鉴于此，我自愿兼职到办公室当了一名“通信兵”。我的工作是处理杂务，收送文件、资料及信函，连装信封也得亲自打理。那时我们社科所需要对接的单位很多，省政府这边有办公厅、计委、人事局、财政厅、卫生厅，省委这边有办公厅、宣传部、组织部、直属机关党委，贵阳市委有办公室、组织部、人事局、计委等。我每天骑上自己的自行车上午下午各一趟从北到南，又从南到北穿越整个贵阳市区，给这些单位及有关领导发送本单位的信函报告，又从他们那里领回批文、文件。仅宣传部张一凡副部长家，就去过十多次，连上下楼都是跑步。当时正值三九寒冬，北风呼啸，道路泥滑，辛苦是可想而知的。但那时我正年青，精力旺盛，对单位发展充满信心，也不觉得累，反而很满足。就这样从1978年12月到1979年3月，一干就是四个多月。现在计算，以八鸽岩到南明堂四公里计，每天来回两趟，一天就跑16公里；四个月120天，行程近2000公里。

1979年年初，经省委同意，所里招收研究生，作为办公室一名兼职人员，我又全身心投入招收研究生的具体工作中，从到《贵州日报》联系刊登招生广告，到接待报名、监考、阅卷，直到最后参与哲学学科录取新生的笔试、面试，我全程参与。招生完成，研究生进入学习班后，我才回到刚刚成立的《贵州社会科学》编辑部，做了一名哲学编辑，回到自己的专业岗位上。

二、参与了贵州省社会科学院基础建设

进入20世纪70年代末，当时单位已从社科所改为贵州省社会科学院，级别从局级升格为厅级，职工队伍也增至100多人，办公场所从省府迁到科学路。伴随人员增多，办公用房紧缺、住房紧张，已成为影响单位发展的主要障碍。百十号人的单位只有科学路五间宿舍用来办公，绝大部分科研人员分散回家。后勤处、财务处、图书资料室借住在油榨街冶金厅几间简易房中。科学路宿舍人满为患，一间不到80平方米的房子，两家人、甚至三家人住在一起，三家人共用一个厕所、一个厨房，吃饭、上卫生间都得排队。生活的困难和不便可想而知。再后来，经过康健和冯迪民院长的努力，贵阳市委书记夏页文的支持，把贵阳市黄家井地段的一块地（现贵州省社会科学院驻地）划给我们，用来建设办公大楼及职工宿舍。土地是征到了，但困难和阻力也随之而来，在我们征用的土地中住着一家人，占地面积又很大，不把这家人拆迁走，基建就无法动工。也许是因为我从政法学院毕业，懂法律，也许是因为我长期在基层工作，有一定的行政办事能力，经领导同意又一次把我从编辑部抽调出来，处理这家人的拆迁安置工作。这家共有六口人，老两口及两个女儿两个女婿，共三间茅草房和一间厨房，但围着一个很大的院落，大概近200平方米。全家生活很困难，老头子系某单位职工，已退休，每月只有30多元的养老金，老太婆没有工作，两个女儿虽已出嫁但也没有工作，女婿都是工人，收入微薄。全家人全靠老头在自己的院子种花卖花补贴家用。正因为如此，老人

家对拆迁期望很高，条件也很高。记得最难解决的是，老人家要求解决三套住房并给大女儿安排工作。当时正值改革开放初期，政府没有出台任何有关拆迁安置的政策和规则，全靠拆迁双方商量办理。既要保障拆迁户合法权利，又不能损害国家利益。当时院里也很困难，上级划拨建设经费有限，职工住房紧张，拿不出三套房来解决。至于安置大女儿工作，院里无权，当时政策也不允许，不可能全部满足拆迁户的要求。记得当时，我几十次登门协商，苦口婆心，但老人家始终不松口。至此，协商已不可能，无奈我们只有通过法律渠道解决，请求南明区法院判决。按照当时法院的程序，对拆迁安置这类民事案件，只能先调解，后判决。于是我又以贵州省社会科学院代表身份出庭参加调解。我方条件只给两套住房安置两位老人和大女儿及女婿，大女儿工作无法解决。前后经过四五次协商，老人始终不接受我方拆迁安置条件。因协商无果，我又以原告身份提请法院判决。结果是我方胜诉。因为拆迁完成，贵州省社会科学院才在1982年、1984年、1987年相继分三次在这片土地上建起了三幢普通宿舍楼、一幢老干部宿舍楼。至此，贵州省社会科学院职工安置才基本解决。这次参与基建，前后半年多时间，为此，我耽误了很多宝贵的科研时间，但我不后悔，为复所立院尽自己的力量我很高兴、很满足，也很有成就感。前人栽树，后人乘凉，我无怨无悔。

我的辩证法体系研究

史昭乐[①]

在贵州省社会科学院建立60周年之际，通过对数十年来自己进行辩证法体系研究历程的回顾梳理，我更加深切地感受到，自己之所以能在这个领域取得一定的成绩，是与贵州省社会科学院既重视应用研究又支持理论研究、既注意引才又灵活用才的良好氛围密切相关的。

1979年10月，康健院长在院里的一次工作会议上讲，虽然我们贵州省社会科学院恢复重建的时间不长，但大家也要有搞好科研、出好成果的信心，现在我们院不是就已经有同志在《光明日报》上发表哲学文章了吗？会后，有与会同志向我转述了康院长的这一讲话，因为正是我在贵州省社会科学院研究生班学习期间撰写的《谈规律和基本范畴的主要区别》于1979年9月27日被《光明日报》哲学副刊发表了，这是我平生第一次发表的学术论文。往后的发展历程已经表明，贵州省社会科学院的科研实力的确不断彰显，好的成果层出不穷；我也依托贵州省社会科学院这个平台，逐步实现着自己探究辩证法体系的志向。

在考入贵州省社会科学院之前，我已花了不少业余时间学习钻研、思考探究辩证法体系建构或叙述问题。这个问题是辩证法研究领域由来已久

① 作者简介：史昭乐，贵州省社会科学院社会学研究所原所长、二级研究员、博士后合作导师。主要研究方向：应用社会学、辩证法。

的一个根本性综合性重大课题，它源自黑格尔，经马克思、列宁、毛泽东发掘指向，20世纪中后期苏联和中国哲学界进行了热烈的探讨，涌现了不少相关成果，但始终都还停留于这一体系的具体构建“应是怎样的”，而几乎没有“拟是这样的”成果面世。孰料，我竟“灵台无计逃神矢”一般，立志要对这个问题的具体解决做出自己的努力和贡献。然而，随着研究的入门和有所推进，我越来越感到缺乏必要的时间、资料和环境，因此就想方设法要争取成为一名专业研究者。于是在1978年报考了中国社会科学院的辩证唯物主义专业硕士研究生，因复试时的笔试成绩稍低而未被录取。当我重整旗鼓，准备第二年再报考时，正在广纳人才的贵州省社会科学院得知我去北京参加过中国社会科学院的复试，便由人事处的领导与我联系，约谈后希望我能通过考研究生班的途径进入贵州省社会科学院工作。对此我欣然同意，因为这样就可以使我尽快成为一名省级社科研究机构的专业人员，大为改善进行辩证法体系研究的条件。

1979年3月，考入贵州省社会科学院研究生班哲学专业后，感到真是如鱼得水，很快就写出了投给《光明日报》的文章并获刊用，更增强了我的信心和决心。1980年3月，研究生班结业，我和哲学专业的学员大都正式成为本院哲学研究所的科研人员。在一段时间里，对辩证法的关注和研究堪称是哲学所的主要热点之一。例如，叶小文考察辩证法与诡辩论的关系，并在《光明日报》发表了相关文章；而且，在他从1980年开始接触社会学后并打算向《中国社会科学》杂志投稿时，仍乐于接受我的建议，将初稿中的纯社会学视角改为后来的辩证法视角，最终稿以《社会学否定之否定的进程及其内在矛盾》为题，发表于《中国社会科学》1982年第6期。又如，邬锡鑫注重探析普遍联系中的“间接联系”，也发表了有关论文。同时，哲学所还几乎包揽了《贵州日报》新设的专栏——《哲学琐谈》，所发的文章大多与辩证法有关，报社和读者的反响都很好。浸润在这种氛围中，我更是废寝忘食地投入辩证法体系的研究之中，与同事们的交流中也往往是三句话不离“体系”，以致当时大家常戏称我为“体系”。

1983年，院里决定让叶小文牵头筹建社会学研究所。叶小文邀约我参加，院领导也找我谈话。由于他们都知道我对辩证法研究的执着，因而都明确表态，等社会学所组建并稳定下来后，我可以再回哲学所。感念他们的识才诚意与理解宽容，我就同意并转到了社会学所。而且，从此很长时间里我都没有转回哲学所，因为实践告诉我，离开哲学所并不等于离开哲学研究，留在社会学所反而有一定的互补调节作用。只是辩证法体系研究逐渐变成了我的第二专业，尤其是从20世纪90年代前期开始，在我先后担任了社会学所副所长、所长后的相当时段里，只能当作“业余爱好”（不过是属于比较痴迷的“业余爱好”）。在努力做好社会学所工作和社会学研究的同时，我仍结合自己的辩证法体系研究进程，陆续撰写了《试论辩证认识发展过程中的系统认识阶段》（1987年）、《关于辩证法体系之谜》（1994年）、《关于辩证法三大规律分类的客观基础》（1998年）等有关论文，其中有的发表后还在国内辩证法研究领域产生了一定的影响。在此基础上，作为贵州省社会科学院乃至贵州省的代表，我于1999年被推选为中国辩证唯物主义研究会的理事，并连任了好几届。

随着光阴的一年年推移，我越来越不满足于这种只有论文产出的状况；越来越急迫地感到，应该在拟构建框架已比较清晰、写作材料已相当丰富的基础上，抓紧完成书稿。在院领导和同事们的鼓励支持下，我于1996年至2001年期间，申报立项并完成了省社科规划“九五”重点项目“世纪之交的马克思主义辩证法理论新形态研究”，该项目成果可以算是辩证法体系新构建的初稿。在完善补充的过程中，为了更有利于搜集尚缺材料，更为了在最后完稿时能与国内有关名家直接交流切磋，我希望能到北京有关单位做访问学者。对此，院领导和社会学所同仁均表示理解和支持。于是，2003年4—6月间，我带着第二稿前往中国社会科学院哲学研究所，成为该所的访问学者，导师是所长李景源研究员。其间，通过李所长搭桥，有幸数次求教于北京大学哲学系原系主任、马克思主义哲学体系（辩证法体系）研究权威黄楠森教授，以及中国社会科学院辩证唯物主义研究室原主任、国内专攻辩证法的知名学者赵凤岐研究员，获益匪浅。正是在这次访学期间，我关于辩证法体系新构建及叙述的专著第三稿《辩证法体系新述》（34万字）终于全部完成。

接下来的问题是如何解决出版经费。在当时贵州省社会科学院尚无出版资助制度的背景下，这无疑是件棘手之事。但在我向院里呈交了关于该书稿之研究撰写经历、内容介绍及经费困难的出版资助申请后，院领导很重视并进行了专门研究：一是鉴于这不是单纯的个案问题，为解决当时较普遍的基础研究、理论研究学术著作出版难问题，决定立即着手建立贵州省社会科学院学术著作出版资助制度（该制度一直实施至今）；二是据此同意对《辩证法体系新述》出版进行资助。很快，该书在2004年6月由红旗出版社出版发行。

《辩证法体系新述》出版后，在学界产生了较大反响。如黄楠森教授在《哲学动态》2004年第11期上发表了题为《一个崭新的唯物辩证法体系——〈辩证法体系新述〉简评》，认为"作者叙述出了一个崭新的唯物辩证法体系"，赞誉该书是"一个璀璨的成果"；中国辩证唯物主义研究会2010年编辑出版的《马克思主义哲学的新探索（1978—2009）》一书中，也以《一个具有新面貌的唯物辩证法叙述体系》为题，对该书进行了介绍评价。

正是基于我在辩证法领域研究方面所做出的不懈努力及取得的成果，并且为了更便于保持贵州省社会科学院与国内哲学界的有关联系，院里于2005年研究决定，让我在继续担任社会学所所长的同时，兼任了本院的哲学所副所长（直到2012年退休）。我未曾料到，自己会在时隔20余年后又以新的角色方式回到了哲学所，这也许可视为我在贵州省社会科学院学术生涯进程的一种哲学似“否定之否定”表现吧！

鉴于辩证法新体系的进一步完善、宣介和应用等方面仍有不少事情可做，因而在退休之后，我仍有志于把解决好辩证法体系问题当作自己的毕生事业继续做下去。同时，也希冀能藉此继续为我们贵州省社会科学院增光添彩！

四十年来寻剑客

王路平[①]

2020年，贵州省社会科学院迎来60周年华诞，弹指一挥间已走过一个甲子，而我的人生也进入了老年时代。60年来，我院在繁荣发展贵州哲学社会科学、助推地方经济社会文化发展方面取得了可喜的成绩。特别需要提到的是，在贵州地域文化研究方面，我院也取得了令人瞩目的学术成就，而其中的阳明文化、佛教文化、民族文化研究所取得的学术成果，很多具有原创性、开创性，在省内外甚至国内外学术界有较大的影响。

人生无常，世事难料。当前新型冠状病毒仍在肆虐世界，人类正在经历着一场百年不遇的严重危机，我们每一个人的生活都在不同程度上受到影响，中国社会正在面对百年未有之大变局。此时此刻，作为贵州省社会科学院一名老科研工作者，我想到了王阳明，想到了40年来，我是如何研究王阳明的。因为我们学习王阳明、研究王阳明，从心学中找到拯救的力量，有勇气去面对未来的挑战，在今天显得更为重要，更为迫切！而这也是我们贵州省社会科学院一直把阳明文化研究作为学术品牌的价值所在，也是我至今仍在研究阳明学的意义所在！

如何认知王阳明，如何理解阳明心学，这必须经过长期的探索和不懈

---

① 作者简介：王路平，贵州省社会科学院文化研究所原所长、研究员。主要研究方向：佛学、阳明心学。

的努力。我初治王学始于20世纪80年代初，古人有“三十年来寻剑客，几回落叶又抽枝”的诗句，而我治王学至今已40年矣！40年间我见证了王学研究的兴衰发展。

1977年，中国社会的历史翻开新的一页，是年8月，中央决定恢复高考，11月，我与全国约570万人一起参加高考，12月考入贵州师范大学（原贵阳师范学院）政教系，当时全国仅27.3万人被高校录取，我们成为幸运的一代！1980年我读到大三时，在课堂上接触到中国哲学史中的阳明心学，一时颇为心动。然而，20世纪七八十年代，研究王阳明必须给他戴上两顶帽子，一为主观唯心主义者，二为镇压农民起义的刽子手，在这样的历史背景下，包括当时国内治王学的很多著名学者发表出版的论著都是这种基调，更遑论大学的教材课本了！这给当时治王学者包括我自己造成很大的困惑，直到今天我才明白彼时治王学者的乡愿之意，实在是出于无奈，盖亦不得已而然也！至20世纪80年代后期，贵州学者把黔中王门研究提上议程，1987年11月25日至27日在贵阳召开首次全国性的王阳明心学讨论会，我躬逢其盛，并且留下了一张难忘的合影老照片，而今老照片中约有三分之一的人已离世，而当年的年轻后生方尔加教授、钱明教授和我等人也已垂垂老矣！这次会议重点研讨了黔中王门和阳明心学与西方哲学比较的问题，王学研究取得突破性进展。

1988年，我从贵州师范大学教学岗位调入贵州省社会科学院，此后的30余年，我即在这里学习王阳明，思考王阳明，研究王阳明。至20世纪90年代，学术界日益走出了“两顶帽子”的局限，贵州的阳明学研究进入了一个新的历史阶段。此后在贵州召开的各种阳明学研讨会若雨后春笋，王学研究成果更是层出不穷，贵州阳明学研究出现鼎盛之局。其中我参加的研讨会印象深刻的有1992年7月在凯里举行的孙应鳌学术研讨会，1996年7月在贵阳举行的中国贵州王阳明国际学术讨论会，2002年在修文举行的中国贵州（修文）国际阳明文化节（以后阳明文化节差不多两至三年就举办一次，至今连续举办了六届，其间贵阳修文中国阳明文化园也应运而生），2010年在黔西召开的象祠与王阳明高峰学术论坛，如此等等的学术会议，使贵州的阳明文化研究成为备受海内外关注的一个热点！

与此同时，我的王学研究成果则有1996年完成的国家中华社科基金课题《王阳明与贵州文化》（贵州教育出版社），2007年完成的贵州省优秀科技教育人才省长资金课题《明代黔中王门大师孙应鳌思想研究》（群言出版社），2009年完成的贵州省哲学社会科学基金课题《阳明文化与贵州旅游》（中央文献出版社），2010年由海南出版社出版的《灵博山上的呼唤》，2013年完成的贵州省社会科学院课题《传统哲学与贵州文化——黔学中的形上智慧资源》（中央民族大学出版社），2017年完成的贵州省出版传媒事业发展专项资金课题《黔中王门》（贵州人民出版社），等等。此外，还在省内外的学术期刊上发表有关王学研究的论文40余篇。

多年来，我学习阳明学、研究阳明学，感到很迷茫，从今天的眼光看，原来所理解的阳明学往往成为口耳之学、书本之学和知识之学。2002年年底，我在贵州黔西南的普安县三板桥镇扶贫，得了场大病，在尔后整整8年的时间里，我遭遇到病痛的折磨，终日闭门伏枕，夜不能眠，悲苦积郁，陷入绝望，在走投无路的情况下，王阳明龙场悟道的故事，成为我学习的榜样。古往今来，论述王阳明书籍者汗牛充栋，往往使人闻见日益，障道日深，而从苦难中悟第一义，或可明王阳明“良知之说从百死千难中得来”之深蕴！我曾在拙著《阳明文化与贵州旅游》之“后记”中写道：“在病痛折磨期间，我面临极大的生理和心理的双重压力，忍受着地狱般的痛苦，举凡肿痛、刺痛、跳痛等25种痛苦，我都经历过。”“当年王阳明谪居龙场，日有瘴疠、蛊毒和魑魅魍魉三死焉，而未尝一日之戚戚也，如今我遭遇之痛苦不如阳明之三死，却未尝一日之不戚戚也。”真是可叹流年，忧愁风雨，迷茫人生，苦难历程。今天我每回首往事，真是感慨系之！蹇以反身，困以遂志，板桥（三板桥）由之亦成为吾之龙场，成了我研究王学的动力之源！由此我才深知阳明学是生命之学而非口耳之学，是行动之学而非书本之学，是智慧之学而非知识之学！王阳明在龙场悟道期间，忍受了生老病死、悲欢离合种种的痛苦，而这些“百死千难”的生命体验使王阳明在贵州龙场创立了伟大的心学！可见，生命的痛苦有时反而能给人带来存在的勇气！王阳明龙场悟道无疑给我们留下了太多的智慧资源和人生的重大启示！当我们处于一种大磨难、大病痛、大困惑时，我们也有必要追问：“阳明处此，更有何道?”有必要反思在心、意、知、物四个生命活动环节中如何致良知？有必要觉察在起心动念处如何破除心中贼？有时候我们要拯救自己真的是要依靠自己的“心之力”，而不是靠什么救世主！恻然而悲，戚然而痛，愤然而起，岂非豪杰之士无所待而兴起欤！既要心外无理，又要知行合一；既要静坐体悟，又要世上磨炼；既要立乎其大，又要致知格物。大本立而达道行，粹然至善，灵昭明觉，惟精惟一，简易真切。戒慎不睹，恐惧不闻，必有事焉，勿忘勿助，无心是实，有心是幻，如水就下，知而必行，扩充到底，破除遮蔽，生生不息，无穷无尽！横空展布，遍润一切存在；成己成物，万物一体之仁；若决江河，沛然莫之能御，虽千万人吾往矣！在这里我比较欣赏李泽厚先生的一句话：“虽心空万物却执着顽强，洒脱空灵却进退有度。”学习王阳明，得孔颜乐处！

当前，阳明学已成为中国传统文化研究的热点，成为学术界研究的一大显学，王阳明也得到了较为客观公允的评价，这是令人鼓舞的事情。但在这一股研究热潮中，我们不能有曲学阿世之心，要有实事求是之意，既不能如过去那样矮化王阳明，也不能像现今这样神化王阳明。正如治王学专家束景南先生所言：“（当前）有些研究者喜欢讲大话、讲空话，出现了神化王阳明、庸俗化阳明学等苗头。”我们不能把阳明学看成一种包治百病的灵丹妙药，看成一种神通广大的神学，看成一种无所不能的成功学！当代阳明学研究要有新突破、新发展，应该防止这两种弊端，澄清种种误说，才能使阳明学研究获得勃勃生机！

从根本上说，阳明心学是关于人如何存在的哲学，是要根究生活意义和人生价值的哲学，其之存在论，是全体大用而全幅彰显的。因而如果仅从传统认识论的角度去解析阳明心学，难免方枘圆凿，两不相接，终不能明其底蕴。诚如束景南先生所言：“王阳明的心学超越传统思维模式，是讲精神与物质合一、思维与存在合一、主体与客体合一的本体功夫论哲学体系，突破传统的观念论（唯心论）视域，转向更本真的存在论思考。”束先生此论深获我之本心！一直以来，我都试图从“本真的存在论”视域去解开阳明心学之谜，促使我的王学研究有一个新突破！早在20世纪80年代后期，我便将此作为研究阳明学的突破口。为此，我从中西方哲学比较的视野，去展开我的存在论研究。在1987年全国首次阳明心学讨论会（贵阳会议）上，我提交的论文即是《王阳明心学与萨特存在主义之比较》，之后我陆续发表了《王阳明与萨特的哲学本体论之比较》《返本归真：真己与自为——王阳明与萨特伦理哲学之比较》等一系列论文，并因之先后获得贵州省政府哲学社会科学优秀成果二等奖、四等奖。21世纪的阳明学走向世界，获得新生，而从中西方哲学比较的视野，突破阳明学研究的传统方法和学术道路，从存在论的角度去切入展开并向纵深挖掘，庶几可使阳明学研究别开生面，达到一个新境界、新高度！

此外，黔中王门亦是我治王学的一个重点，多年来乃不畏艰辛，四处搜集，发愿撰写黔中王门三大师孙应鳌、李渭、马廷锡的专著。在2007年撰写出版了《明代黔中王门大师孙应鳌思想研究》的专著，转眼十年至2017年，开始撰写《李渭思想研究》的专著。李渭之学向称难治，盖其著作多已亡佚，故学界殊少有人问津，而即便是为数不多研究李渭的论文，大多局限于碎片化的思想观念的分析，未能全面而系统地深入研究李渭思想的全貌，特别是未能充分注意李渭与阳明后学各学派之间的来往互动，并结合李渭生平的心路历程进行深入的解读，由之造成许多对李渭心学思想分析的误读误解，无法破解李渭心学的诸多谜题。故此，我带领学生采取三重证据法，数年来全力搜集海内各种典籍文献，进行艰苦的田野实地调研，开展探赜索微的考证工作，披沙拣金，积土成山，力图对李渭的生平事迹和心学思想，有一个全面系统的梳理和深入的研究，有一个新的突破，有一个新的超越，以期对李渭史迹和思想的钩沉发覆。能如此，则庶几不负我治王学40年之初心，可以无憾于板桥矣！

最后，以唐代灵云志勤禅师的开悟偈子（也可以视为一首诗）作为本文的结束语：

三十年来寻剑客，几回落叶又抽枝。
自从一见桃花后，直至如今更不疑。

贵州省社会科学院成立六十周年纪念

贾子轩[①]

复所建院起步艰，披肝沥胆渡难关。
科研有律基石铸，内乱无端沙子掺。
正本清源旗熠熠，求真明是谬翻翻。
革新体制人才华，尊重知识硕果旃。
善策良谋高智库，育人资政大邦安。
征程六秩风兼雨，使命如山奋力攀。

① 作者简介：贾子轩，贵州省社会科学院原贵州干部智力开发中心教务处处长、副教授。研究方向：行政学、政策学、信访学。

科研环境与科研人员的成长

杨晓航①

接到“贵州省社会科学院纪念建院60周年”征文通知后，我就在想，写点什么呢？还是写写自己的经历吧，这样更真实。

我一进贵州省社会科学院就被分配到城市经济研究所。当时的科研环境比较好，记得20世纪90年代初，贵州省社会科学院与四川社会科学院、广西社会科学院合作，做了一个关于“亚欧大陆桥”的课题。由贵州省社会科学院经济研究所所长王干梅、城市经济研究所所长康明中带队，主要是考察、调研广西北部湾的开发。当时试图通过北部湾的开发，打通我国西南地区与东南亚、南亚的经济联系，并以此为契机，建设连通欧洲的“亚欧大陆桥”。交流中，四川社会科学院的刘茂才院长、广西社会科学院的王崇理研究员，他们的思路，他们的远见，他们严谨的工作态度，都给我们留下了深刻印象。参加调研的好像还有我院经济研究所的王冰、徐静等同志。我们作为科研新手，参加这些课题，得到了很大锻炼，让我们的视野更加开阔。这是贵州社会科学院与兄弟省自治区同行互相交流所取得的成效，受益匪浅。

围绕所学的专业，我一直在学习并研究与城市相关的产业经济、贸易

---

① 作者简介：杨晓航，贵州省社会科学院城市经济研究所原副所长、研究员。主要研究方向：发展经济、环境经济。

经济与消费经济，走着常规的路。改变在于一次偶然的调研。

1996年，在老所长康明中的带领下，我们参与了对贵州“五小企业”的调查。所谓“五小企业”，是指浪费资源、技术落后、质量低劣、污染严重的小水泥、小火电、小炼油、小煤矿、小钢铁等企业。调研的目的地是毕节地区（现为毕节市）赫章县妈姑镇的铅锌矿。当时正值当地“土法炼锌、铅”兴办企业大发展，还有遍地开花的小煤窑。接近矿区，周围弥漫着一股刺鼻的怪味，那就是空气中散发出来的“工业废气”味道。而且越接近矿区，感觉呼吸越困难。这对人的健康危害极大。妈姑镇的小煤窑开采使地下“百孔千疮”。后来又因其他课题，调研了贵州万山汞矿等地。

贫困落后地区需要发展经济，但以破坏环境为代价的发展方式是不可取的。贵州矿产资源丰富，当时找不到好的发展之路，就“吃资源饭”，大量开采自然资源。西方国家曾走过一条“先污染，后治理”的道路，治理费用往往超过开发费用，很不划算。从此，我开始关注生态环境问题，关注贵州矿产资源开发与生态环境保护、人口健康方面的关系。并在《贵阳晚报》《当代贵州》《中国信息报》等报纸及一些经济类杂志上发表《关注经济发展与生态环境》《如何协调经济发展与生态环境保护》方面的小文章，包括议论文和散文。

2007年，中国人民大学环境学院院长、博士生导师马中教授，美国加利福尼亚环境局工程师开根生（California Environmental Agency）与贵州省环境保护厅污染防治控制处处长、水质量控制工程师黄明杰博士等到草海考察。我应邀一同前往。泛舟湖上，他们多从自然科学的角度认识问题、发现问题和讨论问题。而我受到的启发是：自然科学问题与经济和政策直接相关。我们所的研究重点是经济政策，如果把环境问题与经济政策联系起来研究不是一个很好的切入点吗？这个想法让我很是激动。2009年11月，我发表论文并参加了在武汉召开的第十三届世界湖泊大会。环境经济成了新的研究方向。我深深感受到，研究领域的拓宽，与当时贵州省社会科学院宽松的科研环境和鼓励科研人员下基层调研有很大关系。

朝着经济与环境协调发展的大方向，后来我主持了国家社科基金课题“贵州省投资环境评价指标体系及监测管理办法研究”，又主持了世界银行项目“贵州省投资环境评价指标体系及监测管理办法研究”。深入下去后，感到需要研究的问题很多，也是国家急需的。比如，我国作为世界上人口众多、资源相对不足、环境污染较为严重、同时经济增长较快的国家，研究和解决经济发展与环境保护协调发展更具有紧迫性，如何通过发展循环经济减少水环境污染、大气污染、固体废弃物污染等。同时，不断加剧的资源短缺，生态系统的破坏及其所带来的土地荒漠化，酸雨蔓延，生物多样性减少，全球性的气候变暖，臭氧层的破坏，以及有毒化学品的泛滥和积累等问题无一不危及人类的健康和生存，同时已经极大地损害和制约了经济的发展，甚至对地球造成严重威胁。可持续发展观认为，发展是必须的，但发展过程中，我们不能把资源消耗殆尽，不能以破坏环境为代价，要给后代人留下不少于当代人生存和发展的机会。可持续发展的核心是如何以最小的环境损失换取最大的经济发展，使人与自然和谐相处，使人口的生活质量得到提高，强调人与自然以及人与人的和谐。

贵州省社会科学院当时的开放态度、宽松的科研环境、鼓励科研人员到基层进行调研，以及创造条件大力培养人才的环境和措施，让我收获了科研道路上最宝贵的东西——开放的心态，创新的思维，踏实的调研，以及对学术观点的兼收并蓄。一路走来，贵州省社会科学院让我明白：做科研，短时间内出不了成果，必须要有持之以恒的坚守。

第三篇 > > > >

院友说：成就自己
以院为荣

难忘的人生新起点

徐　圻①

我曾经在贵州省社会科学院工作过一段比较短的时间。说来惭愧，对那段时间，我实在没有多少值得讲述，更不用说值得夸耀的经历或故事，因为我并没有为贵州省社会科学院的建设、发展做过多少值得回忆的工作——毕竟时间太短了。但是，如果把时空尺度拉长，从我自己的学术生涯和从政历程这个角度来看，我在贵州省社会科学院的履历，应该说扮演了承前启后的关键角色。

1999年7月，我被省委任命为贵州省社会科学院党委常委、副院长。在此之前，我已经在贵州大学工作了17个年头。在这期间，我曾任哲学系主任，作为一名哲学专业教师和研究者，先是对西方哲学史（包括现当代西方哲学）有了全面和透彻的了解、理解，也做了一些思考、研究。在此基础上，我进一步对中西方两大文明体系，即中西哲学和文化的异同进行深入的梳理、比较和思考，取得了一些成绩。不过，这些研究都属于所谓的"学院派"，完全是思想本身的历练、拓展和深化，再将自己的心得传授给我的学生们。总的来说，我的教学和研究与校园以外的现实生活基

① 作者简介：徐圻，曾任贵州省社会科学院副院长、教授、博士生导师，后任贵州省社会科学界联合会党组书记、主席，贵州省文化厅厅长等职。主要研究方向：西方哲学、东西方文化比较、经济社会发展战略。

本没有关系。在我长期根深蒂固的职业理念里，做一名成功的、桃李满天下的教师，既是自己安身立命的选择，也是自己不变的追求；我从来不曾想过会离开大学校园，换一种“活法”，更不会想到会来到“城里”（贵州大学在花溪区），成为贵州省社会科学院这个学术高地的一员。如果不是组织的信任，把我调离高校，转行从事哲学社会科学的研究和管理工作，我的生活和工作轨迹本来是相当简单的，我的“学院派”教授的身份会永远伴随我。如此看来，离开大学校园来到贵州省社会科学院，既是我始料未及的事情，更是我人生的一个重大转折。

在哲学社会科学的专门研究机构做研究工作与在大学校园里进行的教学、研究工作相比，最大的不同是专业性、学术性降低了，但接触社会、了解现实的机会多了。省这一级的哲学社会科学工作很少有“纯学术”的施展空间，主要是面对国情、省情甚至市情、县情做对策研究；即便是哲学这种基础性的人文学科，也必须直接或间接地为经济社会的发展服务。我开始时对这个定位不太适应，我认为人文学科的特点与经济、社会的现实发展距离太远。直到2000年年初，我被组织上安排到地方党委挂职锻炼两年，在经历了各种各样的实践磨砺之后，我对学术研究的固有看法才有所改变。

对我来说，这两年时间的锻炼，胜读十年书。我的眼界大大开阔了，我的思想关注点发生了改变，变得感性了、具体了、与现实生活息息相关了；我第一次透过泥土的芳香感受到了思想的光芒。我对国家和贵州省经济社会各方面的发展越来越有兴趣，越来越有感悟，越来越有心得，因为这是每一个人——首先是广大老百姓——的所思所想，所虑所求。人文学者的专业对象当然是人，以及与人相关的所有领域，但抽象的“人文”或“文化”如果不与活生生的社会生活联系起来，就怎么也摆脱不了它的孤芳自赏和“边缘焦虑”。我的思想就这样发生了转变或升华。这是一次真正的思想洗礼，从此我成了一个“跨界”的学人，一个接地气的知识分子。

如此算来，我虽然名义上在贵州省社会科学院工作了两年半时间，实际上只在贵阳市梭石巷这个院本部做了半年的工作，实在是太短促了。两年挂职结束，我被安排去了省社科联工作，没有再回贵州省社会科学院。真是不好意思，对贵州省社会科学院来说，我差不多就是一个“过客”。据我所知，我是所有担任过贵州省社会科学院领导班子成员里时间最短的一个人。令我欣慰的是，在我之后的工作中，不管是在省社科联，还是在好几个政府文化部门，以及孔学堂文化传播中心，我与贵州省社会科学院的过去领导和现任领导，与贵州省社会科学院许多专家学者和工作人员保持了密切的、畅通的工作关系和个人友谊，他们是值得我永远珍惜的历史记忆和社会资源。

从那个时候到现在已经21年了。在2019年正式退休之前，我的工作岗位更换了好多次。可以这样说：我1999年7月离开贵州大学来到贵州省社会科学院工作，以及2000年年初以贵州省社会科学院副院长身份到遵义市委、遵义县（现为遵义市播州区）委挂职锻炼，那真正是我人生的一个新起点。我虽然没有为贵州省社会科学院做太多事情，但贵州省社会科学院给了我一个重要的平台，使我得以从这里出发，开始了一个“学院派”知识分子走入现实、走向成熟的生命历程。在贵州省社会科学院成立60周年之际，我要深深地感谢贵州省社会科学院当年和后来的领导们以及许许多多科研人员！衷心祝愿贵州省社会科学院繁荣兴盛、越办越好！

我与贵州省社会科学院的三十年

谢　一[①]

今天，我们迎来了贵州省社会科学院60华诞。能在这样一个特殊的日子里参加贵州省社会科学院纪念建院60周年座谈会，感到非常荣幸。作为曾经在贵州省社会科学院工作30年的老院友，我为贵州省社会科学院60年来取得的卓越成就感到由衷的高兴，并向贵州省社会科学院表示热烈祝贺！

40多年前，当我还是一个懵懂的大学生时，“社会科学院”在我心目中是一个神圣而遥远的知识圣殿。出于对她的向往，我报考了中国社会科学院面向全国统一招考的研究人员，1979年10月被录取到吉林省社会科学院，1980年10月调入贵州省社会科学院。2011年5月调入省委讲师团，我在贵州省社会科学院这个大家庭里整整工作了30年之久。至今，我在心里仍然认为我还是这个大家庭中的一员。

在这一步步走近和深化社会科学研究的过程中，我见证了贵州省社会科学院由小到大、从弱到强的发展历程。贵州省社会科学院坚守本心的初衷、艰苦质朴的风格、耐得住寂寞的韵味、求实创新的风气、自由研究的氛围、兢兢业业的品质、无私奉献的精神，培养教育了我。贵州省社会科

① 作者简介：谢一，贵州省社会科学院原副院长、研究员，贵州省委讲师团团长。主要研究方向：区域经济学。

学院学术造诣深厚、科研作风严谨的许多老师和同事，以身作则地教我求学和做人之道；贵州省社会科学院理论与实践紧密结合的科研条件，培养提高了我的科研素质、激发增强了我的创新能力，是我茁壮成长的摇篮。在贵州省社会科学院这个团结奋进、温暖和谐的大家庭里，我参与了第一个真正意义上的科研项目研究，发表了第一篇真正意义上的学术论文，出版了第一部专著，获得了第一个社科优秀成果奖；在这里，我的知识得以增长、能力得到锻炼、阅历得以丰富，成果得以展现；在这里，我从对社科研究一无所知的小青年，成长为专业领域研究员、省管专家、享受国务院政府津贴专家。

我之所以能有今天，离不开贵州省社会科学院对我的教育培养关怀，得益于贵州省社会科学院的领导和各位同志的理解、信任、支持和帮助，得益于大家像朋友、像亲人一样对我，我们从不相识到相识、相知、相勉，朝夕相处，同甘共苦，风雨同舟，结下了深深的友谊。对于这些，我点点滴滴记心头，永生永世不忘，并表示衷心感谢。在贵州省社会科学院工作期间，我有许多不足、失误，在这里也希望大家谅解。

虽然我离开了贵州省社会科学院的岗位，但仍自认为是贵州省社会科学院的一员，如果社科院需要、同志们、朋友们需要，我一定会尽心尽力而为。

我期盼也相信贵州省社会科学院在省委、省政府的正确领导和支持下，在院班子的带领下，在同志们共同努力下，未来一天比一天更美好、更灿烂。

我最精华的人生都是在贵州省社会科学院度过的

索晓霞[①]

刚才看了贵州省社会科学院建院60周年宣传片，非常激动。首先，要表示祝贺。向贵州省社会科学院60年来取得的巨大成就表示祝贺。其次，要表示感谢。就像刚才谢一副院长（现在是省委讲师团团长）讲的一样，尽管离开了贵州省社会科学院，但一直认为自己是贵州省社会科学院的人，所以我经常在孔学堂发言时说“我们社科院”，被纠正若干次。这个情结不光是表面的东西，我20岁进院，调出时已近55岁，35年最美好的光阴都在贵州省社会科学院度过。我觉得贵州省社会科学院是一个幸福指数非常高的地方，因为这里不光有弹性的上班时间，而且有你做学术、思想相对自由的空间。在贵州省社会科学院成长的过程中，我得到了不同年龄段、不同阶段的领导、同事和朋友们的支持、帮助，在这里表示衷心的感谢。

在贵州省社会科学院30多年，经历过非常多的让人印象深刻的、我

① 作者简介：索晓霞，时任贵阳孔学堂文化传播中心主任、党委书记，现任贵州省社会科学院党委常委、副院长、二级编审。主要研究方向：少数民族文化保护与发展、公共文化服务、文化产业、乡村文化。

称为“生命体验”的东西。有一次，我在从美国回来的飞机上，发动机坏了一个，把航空燃油全部放掉，返航。当时想，自己这一生也许就画上句号了，脑海中闪过很多画面，除了亲人朋友之外，很多都是贵州省社会科学院的场景，因为我美好的青春、最精彩的生命时期都是在贵州省社会科学院度过的。我还记得从前在编辑部，为扩大《贵州社会科学》的影响力，和黄旭东在北京的大街上跑来跑去，去见《中国社科文摘》的赵剑英副主编，当时他从英国刚刚飞回来，经人引见，不辞辛劳见我们。黄旭东在街上对我说：“我们两个好像陈焕生进城。”现在回忆，带着团队，为一种理想，为一个目标，主动“走出去”，加强沟通、交流，争取支持，虽然累，但值得。我们刚刚去北京约稿的时候，很多专家开始是端着架子的，他觉得你贵州一个小地方，毫不知名的小刊物和我们抢稿子，好像有点不知天高地厚。通过不懈努力，我们靠真诚和竭尽全力办刊物的积极姿态，得到了非常多的专家的认可和大力支持。

在贵州省社会科学院工作期间，做过一些课题，也有一些非常特殊的经历。

有一次，我带一个小组到川西藏区调研，因为缺氧和高原反应，差点把翟宇的小命就丢在海拔4000多米的山上。我们从亚丁下山的时候，医院急救中心没有电，好在能吸氧，很幸运。我和李桃一晚上守在翟宇旁边，怕他出意外，好在最后有惊无险。这都是在贵州省社会科学院调研和工作当中非常独特的体验和经历。今天看了贵州省社会科学院60年的历程，就像看到自己曾经年轻的时候，那么青春、那么充满朝气，感触很深。

非常感谢贵州省社会科学院这个平台，给我一个成长宽松的、自由的空间。感谢我这30多年的历程当中，在我委屈、比较被动的时候，默默给我支持、鼓励和帮助的很多同事和朋友，也非常感谢贵州省社会科学院历届领导对我的栽培和帮助。包括朱院长他们这一辈的老同志，我刚刚来的时候，胡岚老师带着我去开会，人家以为我是他女儿是来混饭吃的。这些情节想起来都历历在目，印象深刻。有一句话说得好："每一段相遇都不是偶然的，它一定是必然的。"所以，我非常幸运，能够在最美好的30多年，待在贵州省社会科学院这么一个好单位。现在离开了贵州省社会科学院，更觉得贵州省社会科学院是好单位。在这里，有这么多同事、朋友，陪伴我、帮助我一直默默地成长、走过来，非常感谢。

我现在在孔学堂工作，孔学堂环境很美，场馆很多，也是一个开放的、很好的平台，贵州省社会科学院有需要孔学堂支持的请开口，我一定尽力而为。

最后预祝贵州省社会科学院的未来越来越好、越来越强！

坚持经济学研究为经济社会发展服务

王干梅[①]

2020年是贵州省社会科学院建院六十周年，大华书记、学立院长特意致函邀我这个曾在科研一线工作多年的老兵写一点纪念文字。从我1979年（33岁）考入贵州省社会科学院研究生班经济专业学习算起，到1994年（48岁）工作调动离开，我在经济研究所连续工作整整十五年，可以说把一生中最好的年华献给了我所热爱的经济科学研究事业。回想我在经济所工作的十多年，忙忙碌碌，却贡献殊少，如果要说做得比较好的一点的话，那就是我在主持经济研究所工作期间，始终坚持科研为现实经济发展服务，坚持注重调查、实事求是的学风，在助推贵州经济社会发展方面取得了一批质量较高、影响较大的优秀成果，同时通过科研实践，锻炼培养了一批科研骨干和后备人才。

我是1979年从基层考入贵州省社会科学院研究生班的，学习结业后分配到本院新成立的经济研究所工作，此前从事基层经济工作十多年，对贵州的经济社会发展状况有一定的了解和体验，深知理论来源于实践，同

① 作者简介：王干梅，贵州省社会科学院经济研究所原所长、研究员，深圳市高新技术投资担保有限公司原董事长、总经理。主要研究方向：发展经济学、生态经济学。

时还需要接受实践的检验。因此在我担任经济所的领导以后，从贵州的实际和地方社会科学院的功能定位出发，提出摆脱学院式的纯理论研究模式，以现实经济问题作为研究方向，以助推贵州经济社会发展作为主要目标，紧密联系贵州的实际，通过深入的调查和观察，发现和提出经济发展中的具体问题，应用现代经济学理论和方法，提出有针对性的、可操作的解决方案和对策措施，为地方党委、政府决策提供参考。我们的办所思路得到院党委的充分肯定和大力支持，鼓励科研人员“走出去，沉下来”，大兴调查研究之风，走求真务实之路，努力当好党委、政府的参谋和助手。经济所每次都安排充足的时间让科研人员到全省的县、区、乡镇调研考察，从未间断，先后搜集整理了几百万字的信息资料，承担并完成了各级政府委托的几十个课题，撰写了一百多篇论文或研究报告，取得了丰硕的成果。其中一些研究成果得到政府部门的重视和肯定，有的甚至在全国经济学界产生了积极的影响。

在我的记忆中，印象最深的是建所初期对毕节贫困山区经济发展和农业生态状况的调研。1981年，贵州省社会科学院组织有经济所和哲学（社会学）所参加的黔西北经济社会调查，重点考察了大方、织金、纳雍、赫章、毕节等县区，沿途所见，到处是荒山秃岭，森林植被被破坏殆尽，昔日的“高原明珠”威宁草海也被围垦成了农地，大量的水源遭到破坏，导致水土流失严重，干旱洪涝灾害频发，整个山区农业生态系统濒临崩溃，农村经济陷入了越穷越垦、越垦越穷的恶性循环。在搜集大量实证资料的基础上，我们的调研报告运用新兴的生态经济系统理论，分析论证毕节山区经济发展滞后、人民生活贫困的主要原因在于长期以来为增产粮食而毁林开荒、围湖造田、破坏森林、导致生态失调、水土流失、干旱洪涝灾害频发，整个山区农业生态系统濒临崩溃。当务之急必须坚决摒弃旧的发展模式，退耕还林，退耕还湖，恢复和保持山区农业生态系统平衡，实现生态经济的协调发展。研究报告得到了当地政府部门的重视，同时也引起了全国社科界的关注，当年全国首届生态经济学理论研讨会在北京召开，我们提交的研究报告在会上获得热烈的反响，时任中国社会科学院副院长的著名经济学家许涤新教授指名让我在会上做专题发言，并给予充分肯定和高度评价，会后又决定将我的发言整理成题为《森林生态系统在山区农业中的地位》论文在权威的《经济研究》杂志上发表。更没有想到的是，这篇研究生态经济问题的学术论文竟引起了中央党报的关注和重视，党中央机关报《人民日报》全文转载了这篇论文并加了编者按，为后来在贵州掀起的转变发展观念、保护生态环境的热潮产生了积极的影响。

1988年，国务院批准的以“开发扶贫生态建设”为主题的毕节试验区建设正式启动，经过持续20年的努力奋斗和大胆探索，毕节试验区建设取得了巨大的成功，毕节地区（现为毕节市）经济社会面貌发生了翻天覆地的变化，走出了一条贫困山区实现经济社会与生态环境协调发展的新路子。2009年，由经济所研究员谢一、宋明主持完成的研究报告《毕节试验区科学发展之路》在《光明日报》发表，经济所的研究成果再次登上了全国经济学研究的大雅之堂。党报的宣传和学界的关注也进一步激发了我们深入研究生态经济学的信心和动力，经济所先后完成了一批有较高学术水平和实用价值的论文和专著，其中《生态经济理论与实践》（四川社会科学出版社1988年）获得贵州省第二届哲学社会科学优秀成果一等奖，《绿色的诱惑——贵州生态资源开发》获贵州省第五届哲学社会科学优秀成果一等奖。《改革创新科学发展——毕节实验区20年的理论与实践》获贵州省第八届哲学社会科学优秀成果二等奖。《生态经济设计》（贵州省干部智力开发中心1990年印行）则作为全省干部培训教材，受到老师和学员的一致好评。

经济研究所坚持科研为经济社会发展服务、助推地方经济发展做得比较好的另外一个特色研究项目是“贵州经济发展战略问题研究”。早在1983年，经济所就提出“关于研究贵州经济发展战略问题的初步设想”，由院报送省委、省政府有关部门，设想提出要积极开展对全省性的发展战略课题研究，同时也接受外委课题，为一些有需要的县市提供个性化的服务。从20世纪80年代末到90年代初的几年时间，经济所先后承担并圆满完成了《贵州少数民族山区经济发展研究》（中国少数民族经济研究会会刊1990年）、《贵州乡镇企业发展对策研究》（贵州人民出版社1991年）、《贵州产业结构问题研究》（研究报告集1992年）、《走向二十一世纪的贵州产业结构》（贵州社会科学增刊1994年）等重大课题，同时还承接了贵阳、遵义、贵定、清镇等多个县（市、区）委托的经济社会发展战略规划研究任务，交出了一份份合格的答卷，其中《遵义市经济社会发展战略规划》课题完成得尤为出色，不仅遵义市政府满意，还获得全国国情研究机构的高度评价。1991年，遵义市入选由中宣部倡导、中国社会科学院牵头的全国社科规划重点课题——《中国国情百县市调查》，这是贵州的经济研究项目第一次走上全国大舞台，意义重大，省委宣传部、省社会科学院和遵义市委市政府高度重视，对开展课题调研工作进行专门研究和部署，成立了由贵州省社会科学院和遵义市主要负责同志参加的领导协调机构，经济所倾全所之力，与遵义市政府有关部门密切合作，奋战一年多，圆满完成这项国家级的重大调研任务。1993年7月，40万字《中国国情丛书：百县市经济社会调查·遵义卷》由中国大百科全书出版社出版发行，好评如潮，获得贵州省第三届哲学社会科学优秀成果三等奖。这一大型战略规划课题的成功实践，标志着经济所坚持“科研为贵州经济社会发展服务”理念取得了重大成效，科研组织能力和学术水平跃上了一个新的台阶。

回顾在经济所工作的激情岁月，我非常留恋这个团结和谐、充满战斗力的集体，以及为了一个共同的目标走到一起艰苦奋斗的同事们。值此贵州省社会科学院六十华诞之际，我写下上述文字，谨以表达热烈的祝贺和衷心的祝福。

第四篇 ＞＞＞＞

中年说：承前启后
苦尽甘来

在访学交流与挂职实践中丰富科研人生

黄 勇[①]

大学的迎新会上，迎接我们的老师说他做的“究天人之际，通古今之变，成一家之言”。没想到，几年后我也加入了这个专门从事并奋力奔走在“成一家之言”的职业。

“成一家之言”何其难也。正如韦伯在《学术与政治》中所说：“个人唯有通过严格的专业化，才能在学术研究的世界里，获得那种确实感到达成某种真正完美成果的意识。凡是不能让人怀着热情去从事的事，就人作为人来说，都是不值得的事。”我对从事经济发展研究是感兴趣的，也许正是这份经世济民的驱使心成了我的动力源泉，把探求后发地区经济社会发展之道作为人生主业，在这条路上跋涉了二十余载。

从事区域经济研究工作，在专职研究、访学交流与实践工作接触中相互切磋、互鉴相长的经历很重要。让我一生收获最大的，不仅是我在工作中得到了许多领导与老师、同事与朋友的关心支持，更难得的是得到国家有关部门、省有关部门和院党委的关心厚爱，我先后经历过挂职乡长助理一年、国家发展和改革委员会宏观经济研究院研修访学一年、挂职万山区政府副区长两年、荷兰乌得勒支大学研修访学一年、挂职中国社会科学院

① 作者简介：黄勇，贵州省社会科学院党委常委、副院长、研究员、经济学博士。主要研究方向：区域经济、产业经济、发展经济学。

农村发展研究所研究室主任一年，再加上在中国社会科学院研究生院在职读硕士、博士的那几年，一生中让我经历和认识了许多优秀踏实的科研与实际部门工作者，有些领导与专家学者对我来说虽然是高山仰止、无法触及，但他们的学识、学品与风采让我铭记于心、牢记于怀。

1997年2月，我刚参加工作半年之余，被派出参加省直机关赴独山县水岩乡党建扶贫工作队工作，并挂职担任乡长助理。那时的水岩乡政府位于独山县至三都县的公路边上，乡政府驻地的街道仅有50米长，全是土路。由于人流量太少，这个乡政府驻地没有赶集日，街上仅有一两家商店在经营生活生产物资，当天出版的《贵州日报》到达乡政府也只能是三四天之后的事了。对我一个刚参加工作的人来说，到当时较为偏远的乡镇挂职锻炼是一次难得的了解民族贫困乡村发展情况的机遇。针对基层工作需要，我对乡村工作的法律法规、工作制度、农村基层组织建设要求等进行了系统学习。在挂职期间，坚持多看、多听、多学、多想、多问，虚心向乡领导和同志学习，同乡干部们跋山涉水步行十几公里到村里去开展各项工作。空闲之余，也拾起书，补充一下专业知识。这是我踏入工作之始的第一次挂职经历，时常回想起水岩乡的那山那水、那些淳朴的老乡，终生难忘。

2007年9月，我有幸被选入由中组部、教育部、科技部、中科院牵头实施的“西部之光”访问学者培养计划，派到国家发展和改革委员会宏观经济研究院国土开发与地区经济研究所做“西部之光”访问学者一年。在这一年里，参与了这个研究所组织的各类课题近10项，在贵州省荔波县和万山特区、浙江省淳安县、湖南省耒阳市等地开展资源型城市经济转型与可持续发展、旅游业发展等课题调研。在经济研究方法、计量研究方法、区域经济规划方法与政策研究方面学到一些新的知识，领悟了一些新的科研方法，总结了自己在理论基础、研究方法、应用研究等业务方面存在的一些不足，视野水平与科研能力进一步得到提升和充实。作为贵州省派出并在国家部委研修的学员，我了解到当时全国各地正在申报资源枯竭型城市项目，我就积极充当起我省万山特区政府向国家部委申报项目的“红娘”，牵线搭桥，为万山特区草拟有关申报文稿，参与开展前期研究，陪同万山特区党委、政府领导多次到国家有关部委汇报对接万山特区资源枯竭型城市发展困境并请求予以支持，也陪同有关领导专家到贵州万山特区、玉屏县实地考察。2008年9月，研修结束回到单位工作以后，仍为万山特区争取资源枯竭型城市尽心尽力，尤其是作为主研人员参与的转型规划中提出的“城市异地转型”思路建议为万山特区后续转型发展格局的形成奠定了基础。2009年年初，万山特区终于获批全国第二批资源枯竭型城市，获得了连续10多年的中央财政转移支付累计20多亿元，以及国家发改委、国土资源部（现为自然资源部）、环境保护部（现为生态环境部）给予的产业发展、国土整治、污染治理等一系列项目支持，也算我在前期申报工作中尽了一些绵薄之力。

2010年3月，我接到通知被下派挂职“科技副职”。这一次，省委宣传部从省直宣传文化系统“四个一批”人才中抽调2名同志，作为省委组织部选派的“科技副职”，统一安排挂职锻炼两年。更为巧合的是，这次我被派到万山特区挂职担任特区区委常委、特区政府副区长。2011年，万山特区改为万山区。我在挂职期间，主要分管工业、招商、环保、供电、粮食、商贸、国企改革等工作，兼任工业园区管委会副主任，分管了一段时间的发改、政务服务等工作。这是我以挂职身份，被地方党委委以重任，分管实职工作，而且抓的是经济发展工作，对于我一个从事区域经济研究的学者来说，是一次积累具体抓产业、抓招商、抓项目、抓落实等推动县域经济发展和资源型城市转型难得的实践机会。由于之前多次在万山区开展“资源枯竭型城市”项目的争取和规划研究工作，除了新来的书记、区长外，其他区四大班子领导我大多数认识，这件事也为自己到万山区挂职奠定了良好的工作基础，他们对我的工作都是非常支持关心，使我分管的工作总体上都是在有序开展和推进。应该说，我虽然在万山挂职仅有两年，但加上2008年之后与挂职之前的工作，我全程参与了“资源枯竭型城市”项目的争取、研究、规划设计和转型实践工作。由于之前实际工作经验欠缺，直到现在想起来，还有很多工作都是带着遗憾走的，有时候半夜醒来，我还想起一直想打造的千亿级钾产业招商与落地如何了、替代产业发展得如何了 …… 我有时候会半夜梦到与汤书记、张区长在企业厂房建设工地调研项目推进情况。有时候也会浏览一下万山政府网站，去了解一下这座千年汞都转型发展得好不好、矿区居民生活得好不好。人离开了，我也不想过多的去电话讨扰故人故旧，只想这样默默地关注和祝福汞都的转型涅槃。

2005年之后，我曾经想去国外发达国家学习与考察，由于手中承担的课题任务较多，一直未能成行。在获得的国家留学基金委员会派出资格期限即将到期之前，我于2015年9月30日前往荷兰乌得勒支大学访问一年，研修的专业方向是人文地理与区域规划。在这座曾经培养出12位诺贝尔奖得主的欧洲最古老大学之一的校园，除了听课之外，有时候也参加一些研讨会，尤其是人文地理系每月一至二期的国际发展研讨会，这些研讨主题涉及欧洲难民问题、移民问题、气候变化问题、城乡土地流动与管制问题、英国脱欧问题、欧洲一体化问题、非洲发展问题、东南亚发展问题等当时热点问题，让我了解了一些观点、方法和知识。作为一名区域经济发展研究者，我积极学习了解并和国外学者交流探讨关于国际经济、欧洲经济及欧洲重点产业发展、欧洲城市规划发展情况。对英国出版的著名刊物《经济学人》（the Economist）上发表的关于中国经济发展的每一篇文章几乎必读，以了解国际社会对中国经济发展的认知和评价。到欧洲不同类型的地区进行了调研，有发达地区，也有相对滞后地区，通过对贵州、中国与欧洲国家发展的对比，也对我国的新型城镇化、产业转型升级、国际要素流动也有了一些新的认识。在荷兰、丹麦调研，感叹人多地少、资源贫瘠、气候寒冷的这两个国家做出了全世界最发达的现代农业，实现了“小国大业”；在瑞士调研，看着川流不息的游客，也比较着和思考着我国我省的山地旅游业应该如何实实在在地发展。

在荷兰乌得勒支这所大学与一些学者和在读博士交流时，我发现一些值得我们深深反思和学习借鉴的现象。荷兰的人文社科学术圈很严谨，学术伦理道德很规范，人文社会科学专家学者们大多像自然科学研究那样的执着严谨，注重在一手原创资料基础上做出有深度、经得起推敲的学术成果来。有一位研究尼泊尔发展的学者，读了4年多的博士，居然有2年是扎根在尼泊尔进行沉浸式研究；有一位研究缅甸的博士生，有2年也是一直在缅甸开展她的学术研究；有些研究非洲发展的学者，长期穿梭于荷兰与非洲之间；有个学者研究欧洲难民问题，居然从中东一直跟随难民队伍跋涉到了德国，在长途随行中进行体验、观察和研究。他们的博士论文方向，要随着导师这一阶段的研究重点来选，类似于我们的国家社科基金重大招标课题要围绕题目设置几个高度相关的子课题，这种培养博士的方式执行几年甚至10多年左右，就容易形成专业性强、有深度、有创新、集群式的科研成果。而一旦他们的集群式研究经过世界上同行们认同，方法与观点几乎可作为科学结论时，他们才升级转移到新的研究主题。

2017年3月，我被派出参加中央“三部委”（中央组织部、中央统战部、国家民委）赴中国社会科学院农村发展研究所，挂职担任土地经济与人力资源研究室主任一年。天下社科是一家，并且中国社会科学院里有我一些熟知的专家学者，与他们交流起来是比较方便的。利用在北京挂职机会到在京高校和科研单位进行了学习交流，除了参加中国社会科学院农村发展研究所组织的双周论坛暨“中国农村发展论坛”研讨会和科研业务学习外，也到中国社会科学院人口所等其他研究所、研究生院、国家发改委中国宏观经济研究院、国家工信部、中国人民大学听学术讲座和经济发展讲座，吸收经济发展新知识。这一年里，参与了农村发展研究所领导承担的有关北京城市副中心产业的研究课题，到通州区各个产业园、乡镇和北京市发改委进行了一系列调研和座谈，对首都副中心城市建设与高精尖产业发展有了一定的认识。

经历了这几次从乡镇到区县、到国家部委，从国内到国外的挂职工作和访学研修，也让我有了一些心得体会。一是通过学习、交流、比较，学到了一些新理论，领悟了一些新方法。从事区域经济发展研究工作，宽口径、厚基础很重要，学术交流作为科研过程中不可缺少的一部分，在参与高层次科研机构访学研修过程中获得了一些启发，既丰富自身的知识，又发现了自身的不足，找到了下一步努力的方向。二是访问和挂职期间，到国内国外不同类型区域进行调研，感受了贵州与发达省份、中国与国外的发展差距，通过研究比较，对国内省内的区域经济发展、产业转型升级、新型城镇化、要素流动也有了一些新的认识，对“读万卷书，行万里路”有了许多实实在在的感受。三是很充实，感觉太忙太累。访学期间，既要完成访学单位指定的合作课题，开展一些调研活动，又要继续推进自己在省内主持和承担的一些课题，在挂职研修期间不得不两头兼顾，在出差甚至在火车上、飞机上也在加班完成科研工作。访学与挂职期间，也时常被焦虑感包围，通宵未眠是家常便饭的事，唯有默默坚守，才能兼顾两方面的工作。四是自己的业务能力得到了研修单位和科研合作单位的肯定和认可，在工作上得到了信任，从而强化了自己的科研信心。五是与研修单位建立了合作联系，了解和学习了他们在业务管理、科研运作方面的一些好的做法，通过科研合作结识了一些领域内知名学者，同他们在一起讨论课题与论文，切实感受到了他们做事、做人的风格。

2021年有几个月时间被抽调参加集中研究、起草争取国家出台支持贵州在新时代西部大开发上闯新路的政策文稿。有一次在观山湖集中改稿到凌晨一点钟才回家，坐在出租车上，突然听到出租车播放电台里飘来一句“我吹过你吹过的风，这算不算相拥。我踏过你走过的路，这算不算相逢”。我会心地一笑，这与我们搞社会科学研究何尝不是异曲同工呢，我们也是站在前人的肩膀上前行，与前人的智慧“相拥”“相逢”！我本一介书生，伏案于书桌，信步于讲坛，在访学交流与挂职实践中从容人生，看到贵州后发赶超步履坚实，幸生于盛世。做一行，爱一行，心之所向，素履以往；生如逆旅，一苇以航。

我对贵州省社会科学院的三句感言和两句建言

麻勇斌[①]

我既是一个有“县、市、省”工作经历，即从县里面到市里面再到省里面的“乡土型”科研人员，又是一个横穿过贵州省社会科学院“文、民、史”，即在文化研究所、民族研究所、历史研究所分别工作过的“滚筒式”科研人员，从事科研工作30多年了，在贵州省社会科学院工作19年了，无论是关于社科研究的工作，还是关于社科研究机构的工作，都长时间地看见过、经历过和思考过，所以，在此60年一遇的纪念日子里，心中确实有话想说。为了尽量少占时间，就说三句感言、两句建言，以“三言两语”的格式，表达“乡土型”的心声和“滚筒式”的期许。

第一句感言是：在贵州省社会科学院搞科研工作，是我这大半生最如意的工作。感谢贵州省社会科学院给我提供这份工作。我有40年工龄，曾在小学、中学、大学教过书，在县级、市级、省级行政单位当过差，在国有企业、民营企业打过工，切换过多种工作环境和生活页面，切实感到，最轻松、最如意、最适合我的工作，还是在贵州省社会科学院搞科

① 作者简介：麻勇斌，贵州省社会科学院历史研究所所长、二级研究员。主要研究方向：苗族巫文化、民族文化产业、乡土建筑文化。

研。所以，我一下子就在此“猫”了19年，一动不动，一动也不想动，并准备一直“赖”到退休。

第二句感言是：吴大华同志来当院长的十来年时间，是贵州省社会科学院最“长脸”的十来年，也是包括我在内的靠脚板做学问、靠功夫谋生计的科研人员最“长脸”的十来年。衷心感谢省委关爱贵州省社会科学院，给我们送来这可遇不可求的“长脸”机会。这十来年，贵州省社会科学院连续获得省直机关创新奖，我们单位的面子和里子同步看好、持续看好。正因为有此环境条件，我个人的面子和里子也同步好看、持续好看。因为有吴大华同志的坚定支持，这十来年，我重新拾起了几乎被迫放弃的苗族巫文化研究，相继获得了两个国家社科基金课题，出版了120万字的成果，荣获一次省政府颁发的一等奖。因此，近三五年和未来三五年，在苗族巫文化研究这个领域，我的学术水平无人企及。

第三句感言是：衷心感谢院党委和院行政对我们历史研究所的格外关心和悉心“护理”，不断激发全所同志的斗志，让我们历史研究所“知耻而后勇”，在近五六年时间里，持续发展，用行动效果证明了历史研究所有能力、有条件、有办法“扭亏为盈”和“变废为宝”，并在贵州省社会科学院成立60周年之际，已经发展成为院党委、院行政可以省心、可以放心的研究所，而且还有望继续锻造成为院党委、院行政在关键时刻用得上、信得过、靠得住的团队。

三句感言说完了，接下来是两句建言。

第一句建言是：走过60年的历程，贵州省社会科学院进入了新的历史起点和发展方位，要进行新的布局，实现学历建设与学力建设并重、学科建设与智库建设并重，成为有优长学科和显著优势研究方向、有新锐思想智慧和较强服务能力的地方社会科学明亮殿堂。学历建设旨在形成高学历的人才队伍；学力建设旨在构建整个队伍的突破能力和创新能力。学历和学力要匹配、要相生。要鼓励涌现领军人才、顶级人才，但也要防止“学术寡头”“学术圈子文化”对整体队伍健康发展、平衡发展、充分发展的钳制压抑和负面影响。要鼓励有“学”有“术”，尽量防止和减少有“学”无“术”和有“术”无“学”的单边倾向。

第二句建言是：走过60年的历程，贵州省社会科学院的体制机制已经进入了成熟期，同时，也有可能进入了疲顿期。成熟者一定要有成熟者的目标；疲顿者一定要有更换电池、重启系统、再造活力的准备。要主动适应新时代社科研究机构高质量发展的内在要求，重新设置和切实升级促进内循环与促进外循环的体制机制，解决贵州省社会科学院科研内设研究机构完全并联的模式所造成的合力缺失问题，解决行政管理机构与科研机构缺乏“命运共同体”制度纽带而造成的“两张皮”问题。

最后，我想说，社科工作，就像种庄稼，一半靠天，一半靠人，一半靠自立，一半靠护理，道理一点也不深奥。因此，天人合一，必有祥瑞气象，而后有丰年，继而天与人皆喜笑颜开；天人背离，必有妖风戾气，而后天怒人怨，继而天与人皆心如死灰。走过60年历程，贵州省社会科学院和所有经历沧桑的社科人，应当切实懂得天道、天理、天规了，应当可以准确自估和从容经营了。祝愿贵州省社会科学院越来越好；祝愿贵州省社会科学院的所有人，活得越来越有尊严、越来越有滋味、越来越有奔头。

默默耕耘中的感悟

黄德林[①]

有的事情刚刚发生，悄悄地来，又悄悄地走了，不曾留有痕迹；有的历经数年，历久弥新，每当回忆起，仍历历在目。

为庆祝贵州省社会科学院六十华诞，参与汇集社科人的“集体记忆”。近期，稍有时间我都试着打开记忆思绪，小心翼翼地咀嚼和回味过往的点点滴滴。但是，由于本人工作成绩平淡，每天日出而作，日落而息地埋头拉车，默默耕耘，无暇顾及身边风景；常常到基层调研，回到办公室就专心写作，年复一年，周而复始，平淡无奇。加之，本人慧根浅薄、洞察力弱、学力不足，至今仍然无从下笔。思去想来，不妨对我到贵州省社会科学院工作以来的情况进行一个简要回顾，看是否能够从中捕捉记忆“深刻”的踪影。

我在贵州省社会科学院工作期间，最初在科研所，后到科研管理部门，再到科辅部门，最后回到科研所工作，似乎“绕地球环行一圈”又回到起点。

在“环行”过程中，有过初涉科研的迷茫和懊恼，也有过成功的喜悦与激情。在此期间，初次参与贵州省经济社会发展规划编制撰写工作，由

① 作者简介：黄德林，贵州省社会科学院社会研究所所长、二级研究员。主要研究方向：应用社会学、文化社会学。

于对规划技术和规划写作范式不熟悉，在整个研究工作中深感迷茫与无助。后来，经过请教专家点拨，自己仔细琢磨，反复研究，慢慢悟出其中“玄机”，才得以顺利完成此项工作任务。记得第一次申报院级课题，经过院学术委员会评审后，接到获准立项通知的那一刻，心情非常激动，这对科研自信心的树立至关重要。有过从事科研管理工作和科研工作双重压力的疲惫和忙碌，也有过工作成果得到领导和同事们肯定后的自豪与骄傲。在此期间，白天在单位忙于科研管理业务工作，下班回家后加夜班完成科研工作，那时正好院里要求完成院人事制度改革任务，本人承担院人事制度改革方案起草工作，同时还负责完成《贵州省社会科学院第一次科研工作会议报告》的起草工作，有时夜里只能睡三四个小时，常常感到疲惫和忙碌，但是当院科研工作会议顺利召开，我起草的科研工作报告得到院领导和同事们充分肯定时，感到由衷欣慰。在此期间，因工作需要到社科信息部工作，负责收集撰写与报送舆情信息，当报送的信息得到上级采纳后，成就感油然而生。有过科研任务犹如泰山压顶的重负和苦闷，也有过雾散云开与柳暗花明、别有洞天的释然。在此期间，因工作需要我回到科研所工作，随着近些年来省委、省政府对我院科研工作重视程度不断提升，省里向我院安排的科研任务不断增加，有的任务时间紧，要求高，压力大，为了顺利完成上级交办的任务，为了维护我院的集体荣誉，我在团队里，往往是身先士卒，不辞辛劳，努力克服一切困难，圆满完成各项任务。为完成领导交办的任务，我有过彻夜无眠的思考、有过通宵达旦的写作、有过走村串寨的调研、有过途经悬岩陡壁的经历，足迹遍及贵州东部武陵山腹地的江口县和梵净山东麓的松桃县、西部乌蒙山区威宁县石门乡年丰村、南部北盘江畔册亨县弼佑镇秧佑村和荔波县永康乡尧古布依寨、北部道真县等地，走遍了贵州的山山水水。

经过“环行”过往，我真切感悟到：只有做到脚踏实地、求真务实、保持定力、乘风破浪，才有可能遇见美丽风景。

记得十多年前，一个秋日的下午，我在单位附近万东桥花鸟市场的旧书摊上无意中见到几本关于布依族古歌的旧书，从此与布依族古歌结下不解之缘，古歌崇尚勤劳勇敢、团结奋斗、自立自强、纯朴善良、尊老爱幼、内敛而不张扬的价值取向，我从心灵深处完全认同并身体力行。古歌叙事清晰，富于哲理，逻辑严谨，想象丰富，文句优美，语言生动，散发出泥土的芳香、闪耀着珍珠般的光芒，深深地把我吸引。十多年来，我致力于从文化社会学视野对布依族文化展开深入研究，在这一领域，主持过2项国家社会科学基金课题和1项贵州省长资金课题，感到在做科研过程中如能静下心来，真正陶醉于一段文字、一篇文章、一个故事、一部专著的美，从历史维度、逻辑维度、哲学维度、文学维度、艺术维度去审视自己的研究，并对研究的问题形成独到见解，那就会发自内心创造出美丽的风景。正是在追求真理的过程中，我们用行动实现着对真、善、美的追求，把自己内心所珍爱的价值变成可以看得见和感觉到的对象，这就是愉快的科研过程。正如罗曼·罗兰所言：“一棵树不会太关心它结的果实，它只是在它生命液汁的欢乐流溢中自然生长，而只要它的种子是好的，它的根扎在沃土中，它必将结出好的果实。”

“路漫漫其修远兮”，在未来的科研历程中，我将一如既往，努力探求知识和智慧的真谛。

贵州省社会科学院这个平台造就了我

黄旭东[①]

我是一个老社会科学人，1987年进贵州省社会科学院，30多年了。我们的青春年华都在贵州省社会科学院，不管贵州省社会科学院怎么样，我们生命最重要的阶段在这里度过。我一直在贵州省社会科学院工作，我的工作经历在贵州省社会科学院，所以贵州省社会科学院本质上就是我生命的一个重要部分，不管它好不好，都是生命的一部分，不能否定它，否定它就是否定我的整个生命。所以我对贵州省社会科学院很有感情，这个平台造就了我的今天。我们爱护贵州省社会科学院，因为我们的生活、生命都在这里面体现，所以我很激动。最早的时候，天天在贵州省社会科学院里跑的都是我们年轻娃娃，转眼30多年，所以我们对贵州省社会科学院有深厚的感情。

我想讲三个关键词。第一，自由。第二，思想库。第三，仰望星空。这三个关键词是我对社科院的理解。

第一，自由。自由是我对贵州省社会科学院的感激。刚才几位同志都讲了，贵州省社会科学院给了我们什么？给了我们自由。这也是我到贵州省社会科学院以来，最感恩的一块。我是学哲学的，马克思说过人生有三

① 作者简介：黄旭东，贵州省社会科学院《贵州社会科学》编辑部主任、编审、博士生导师。主要研究方向：文化哲学、期刊发展与学术评价。

大自由：财务自由、权力自由、精神自由。归根结底是人的自由，我感受到了人的自由。历届领导给了我们很多自由发挥的空间，贵州省社会科学院在这方面做得很好，贵州省社会科学院有自由发展的空间，有“海阔凭鱼跃，天高任鸟飞”的环境。贵州省社会科学院之所以有今天，也是得益于这样的自由发展。所以我非常感恩，这是我讲的第一点。

第二，思想库或智库。我自己一直寻求社会科学院的本质是什么，社会科学院是什么单位？我想科研单位肯定有一些培养的学生，但是贵州省社会科学院没有，没有学历教育，也没有出版社。我一直寻思社会科学院是什么单位。我开玩笑，有一天我恍然大悟，社会科学院是一个相关单位，它既是体制里面的，但它和体制是有区别的，它给了我们很多自由发挥的空间。近十年来，社会科学院的定位是思想库和智囊团，已经给了我们定性。我之前都没搞清楚，说它是一个教学单位，它没有像大学那样的体系，我们没有博士点、硕士点；如果说我们是一个宣传部门，但是省里又有宣传部；如果说我们是一个宣讲部门，又有省委讲师团；如果说我们是一个职能部门，又有省委政策研究室和省政府发展研究中心。所以，我一直思索这样的问题，社会科学院如何定位，我们是什么样的单位。在退休之前，终于明晰了，它就是思想库和智囊团。意味着我们的所有工作都要围绕中心工作来做，这几年特别是近十年来，我们做得应该是很不错的，这是我想讲的第二点。

第三，仰望星空。贵州省社会科学院存在的价值就是我们需要提供一些质朴的东西，但是我们同时需要仰望星空。自然科学都天天仰望星空了，但是我们哲学社会科学就承担着仰望星空的理论基础、理论学科建设。现在我们社会科学院关于基础理论的一些学科、研究所，因为政策的原因没有了，我觉得很遗憾。习近平总书记讲过，一个没有繁荣的哲学社会科学的国家不可能走在世界前列。贵州省社会科学院一些传统的学科取消了，代表人文科学传统的只有历史，所以我经常开玩笑，遥望星空以后就看远了。

我希望贵州省社会科学院的发展，前面第一个讲的是感恩，贵州省社会科学院确实很自由，这是很舒服的。第二，贵州省社会科学院这几年的定位越来越准确，思想库、智囊团。第三，我觉得有点遗憾，如果贵州省社会科学院仅仅做一些应用研究，忽视基础理论，这可能不是我们发展的方向。我们曾经有那么多的人文所和搞基础理论比较厉害的人，但是因为种种原因，这些研究基础理论的研究所有的不在了。因此，要坚持“双轮驱动”，既要重视应用研究，又要加强基础理论研究。

我见证了贵州省社会科学院的很多奇迹

苟以勇[①]

我到贵州省社会科学院也是30多年，原来准备在贵州省社会科学院过渡，没想到在这扎根，在这留了很多痕迹，还将在这终此一生。没进来之前，我了解的科研是“爬格子”，没想到进来之后，开始确实是“爬格子”，在爬的过程中极累，但后来越爬越甜。

这么多年来，我经历了几栋楼的变换，看了多少个寒来暑往，多少个春去秋来，在这里我度过了自己美好的青春，在这里融入了我最美好的岁月。几十年中，难忘的事情很多，但最难忘的，今天想提的是贵州省社会科学院的“宽松环境”，我是睡着了都可以笑醒。在这个宽松的环境中对每个人的成长都很重要，在这个宽松的环境中培养了很多人，在这个宽松的环境中建立了许多容错机制，特别是领导的关怀和包容，让我们一批批年轻人得到了成长。所以，就是在这样环境中，我见证了贵州省社会科学院的发展。社科院这30年的发展，可以说是历史性跨越。这30年我见证了贵州省社会科学院的很多奇迹，几年一个小台阶，五年一个大台阶，发展很快。从20世纪90年代一个课题只有几百元、几千元甚至没钱，到后面几万元、几十万元，和我同行的科研人员手上课题从几千元、几万元、

---

① 作者简介：苟以勇，贵州省社会科学院对外经济研究所所长、研究员。主要研究方向：区域经济学、公共经济学、人才经济学及其应用对策。

几十万元、百万元，特别是近十年的发展真是突飞猛进，博士从无到有，从1个到40多个，这不得了，发展是跨越式的。开始是小步跑，后来是坐车跑，我感觉现在是坐火箭跑，有时候还跟不上。我们的正高职称开始有11个，现在将近40个，正高、副高开始只有三四十个，现在有百多号。科研成果开始只有几项，甚至一个所一项都没有，到现在甚至一年几十项。我一年算下来，拖延的都是30多项，这正是贵州省社会科学院的历史性跨越。表面上看每周星期二才到单位集中，但事实上我们真正的工作从星期二之后才正式开始。我50多岁了还经常熬夜，这两个月我都熬了多次。我觉得社科院这个宽松的环境，给了我们很多发展的机会、很多发展的条件，特别是看到智库处的成立、创新工程的实施取得的扎实成果。我到科研处和办公室拷贝的电子版科研成果，我看都看不过来。所以，我觉得贵州省社会科学院的奇迹得益于这样的环境，得益于领导的关心、关怀、包容性成长机制。就是这样的环境培育了我的成长。

在20世纪90年代，我从自然科学转到社会科学，刚进贵州省社会科学院的时候写文章都写不好，一个入党申请书我写了4页，他们改下来之后才半页，看了之后对我打击很大，然后就开始天天看、天天学。在这样的环境中我逐渐成长，成长到后来我带着一帮人、一支队伍，直接起草省政府的红头文件，所以我觉得这个成长过程，对我也是一个奇迹，对我也是一个飞跃式的发展。

特别是在这样宽松的环境中，不光是应用性的研究，我还取得了许许多多的创新。我从进来到现在，尤其是近十年，我研究的领域从经济学的基础和理论到新结构经济学，甚至还敢涉猎多种学科，包括中国文化、文明中国方面的课题都敢接，那么我什么时候成“专家”的呢？是在“十三五”期间。

就是在这样的环境中，造就了我美好的生活，不仅做了很多横向课题，也做了很多纵向课题，既有肉吃又有骨头啃，既能养神又能修身，我觉得像这样的环境才是真正可以成长的环境，得益于这样的环境，就是在这样的环境中我看到了一批批年轻人的成长，特别是70后、80后、90后，看到他们出专著、在核心期刊发表文章、研究一个个项目，在《光明日报》《人民日报》发表文章。我觉得贵州省社会科学院的奇迹不仅是这些，我这里只是引了一点，得益于这样的环境，最后我要感谢这样的环境，感恩贵州省社会科学院这几十年帮助我的人，感恩给我们创造这样环境的领导。

在文化研究所的一些往事记忆

罗　剑[①]

2004年，也是个金秋十月，作为人才引进，我从毕节地区（现为毕节市）民族研究所调到贵州省社会科学院文化研究所工作。文化研究所是2003年在原文学研究所和民族文化研究所的基础上整合成立的。当时，在任所长是张晓研究员，还有名重学界的前辈文学所原副所长王鸿儒研究员和陈训明研究员等。2008年，院机构调整，又在文化研究所的基础上成立民族研究所，撤销哲学研究所改为文化研究所。

张晓所长是以田野调查著称的民族学人类学学者，专著《西江苗族妇女口述史研究》《"好女人"的建构——以西江苗寨的一个家庭为例》都是通过深入系统的田野调查，以西江苗族妇女作为案例来探索民族学人类学理论难题，即如何在变迁的社会文化中，看到结构与变迁这两股力量的张力，并在此之下看到个人保有的自我建构和创造的力量。王鸿儒老师在当代文学研究方面成果丰硕，《黄齐生传》《蹇先艾评传》《乐黛云传》等著述在学界很有影响。陈训明老师在外国文学研究，尤其是在普希金研究方面颇有建树，是著名的普希金研究专家。

那时，我虽然已出版了《西部大开发与黔西北山区》和《毕节地区布

① 作者简介：罗剑，贵州省社会科学院民族研究所所长、研究员。主要研究方向：民族理论、民族文化。

依族》两本专著，但我自己很清楚，搞科研做学问我是半路出家，师出无门。在毕节地区（现为毕节市）民委工作的时候，因为单位要完成已拖延多年的《毕节地区民族志》编修任务，被领导点名到民族研究所主持工作，主要任务就是推进民族志的编写，所以，我才误打误撞步入研究领域的。对于真正的做学问搞学术研究，我只是刚入门而已。到了人才荟萃的贵州省社会科学院，一时感到很茫然，还有当时迫于生活的压力，静不下心来做学问。

张晓所长治学严谨，但对科研人员，尤其是新来人员非常关心和包容。我到所里报到的那天，她在省外参加一个学术会议。回来后，上班的第一天就找我进行了一次交谈。主要就我自身科研规划、打算和想法等问题进行了深入的交谈。她向我介绍了所里近几年的科研情况、取得的主要学术成果，以及一些前辈治学经验。在了解我还没有一个明确的研究方向后，她要求我尽早把研究方向确定下来，朝着一个方向深入研究，才能厚积薄发，取得成功。她还谈到当前在科研工作中存在一些不良现象，很多人做学问功利心太强，太浮躁，不愿做扎实的田野调查，沉不下去，吃不了苦，缺乏事业心。申报课题、申请项目，抱着要找多少钱要赚多少钱的心态。做课题研究时，总是从书本到网络，从网络到书本，粘贴复制，应付了事，不愿扎扎实实的做调查研究。成果只求验收合格，结果很多所谓科研成果只能压书架，没有发挥科研成果应有的社会效益，也没有科研人员应有的社会责任感。中青年科研人员，尤其是像我这样从基层走出来的科研人员，在县里、地区都工作过，在自己的科研工作中一定不要受这种不良现象的影响，克服学术研究中的浮躁心理，在科研工作中学习做科研。

王鸿儒、陈训明两位前辈时不时就思想方法、治学理念、学术规范等方面对我进行热心的指导和帮助。王鸿儒前辈的“两支笔”理论，我至今记忆犹新。他说青年科研人员要尽快练就两支笔、掌握两支笔、用好两支笔。一支笔找钱，一支笔做学问，找钱就是要加强应用对策研究，做学问就是要加强基础理论研究。要以课题项目为抓手，对一个科研人员来说，能否申报到课题，争取到项目，是能力的体现；做好课题、做好项目，是水平的体现。要做出高质量、高水平的研究成果，就要练就基础理论研究和应用对策研究两个基本功，要正确处理好基础理论研究和应用对策研究的关系。基础理论研究和应用对策研究就如车之两轮、鸟之两翼，不可偏废，是辩证统一的，要以基础理论研究的高度和厚度支撑应用对策研究的深度和力度，以应用对策研究的深度和力度提升和拓展基础理论研究的高度和厚度。陈训明前辈则强调，搞科研做学问重要的是要有自己的独立思考，这样才能有真知灼见。独立思考非常重要，科研人员重要的品格就是要有自己的思想，不能人云亦云。在日常生活中，要养成独立思考的习惯，要随时注意克服人云亦云的毛病。而且对事物的理解和判断，不能凭主观臆断随意猜测，必须基于深刻的分析和思考。

确实，我们治学做学问，说白了就是通过大量的读书活动、理论活动和实践活动，来寻求真理，探索人生的真谛，形成自己的思想和观念。但问题是我们绝大多数人都只是停留在读书活动和理论活动的层面上，实践活动很少。纸上谈兵、坐而论道的多。如何将书本上的知识学以致用，如何使自己的知识发挥现实作用，就是要善于活学活用，理论与实践相结合。而且，这种结合不是简单的理论套用和拿来主义。我们搞社会科学研究，不是简单罗列一些谁都知道的问题就算是发现了，也不是把这些问题用现存的特别是西方的概念理论套用一下就算是分析了。如果我们所罗列的问题，都是些老生常谈的问题，或者我们所说的问题，既不如新闻媒体来得快，也不如统计部门来得准，更不如在一线工作人员理解得深入透彻，那么我们的研究永远无法突破，无法提升。作为一名哲学社会科学工作者，要学会笃学善思。而思考问题要大气、要有大格局，要有全球视野、世界眼光、人类情怀，要有现实的温度、历史的厚度、思想的高度。要学会将人类共同的大问题、全球的大问题、国家发展的大问题、民族发展的大问题与省、市、县（区）发展的问题，以及自身发展的小问题结合起来，大小结合、长远结合、远近结合、虚实结合，做到着眼长远、面向未来。哲学社会科学研究工作就是发现问题、找准问题、研究问题、解决问题。而关键是要落实到提出问题、解决问题的方案要“管火”，即管用、有用。当代知识分子的社会责任和道义担当，学人应有的良知与良心，就是要随时把人民群众的冷暖放在心上，为人民做学问，学术为民，以人民为中心，为人民而思考。如果我们发现的问题、研究的问题、解决的问题不是人民群众所急需的，不是人民群众所需要的，对人民群众来说就没有什么现实意义。

前辈们的关心和指导，使我备受感动，特别是在他们身上体现出的治学风范，如严谨的科学态度，笃学善思的治学理念，求真务实的田野调查工作作风等都给我留下了深刻的印象，对我往后的科研工作产生了很大的影响，使我深深地懂得搞科研不仅要加强学术道德修养，更要有社会责任心。做学问要严谨而不保守，活跃而不轻浮，锐意进取而不哗众取宠，追求真理而不追逐名利。不管任何时候任何场合，都要老老实实做人，踏踏实实做学问。可以说，前辈们的治学精神永远是我们难得的一笔宝贵财富。

社科人团队精神的感悟与传承

郭　丽[①]

2005年11月，我从毕节地区委党校（现为毕节市委党校）调入贵州省社会科学院工作，当时已经三十出头的我心里惴惴不安，离开熟悉多年的教学岗位到省城从事科研工作，从教师系列转到科研系列，这一切对我来说是那么的神秘和陌生。报到那天，我被安排在社会研究所从事社会学研究工作，人事处赵筑燕处长把我带到社会学研究所，社会学研究所全体科研人员在集中学习，温文尔雅的史昭乐所长，浓浓的学术研讨氛围，朴实热情的新同事，是社会学研究所留给我的最初印象。

我至今仍然记得史昭乐所长教我如何从《贵州统计年鉴》中查资料，带着我去民政厅与职能部门同志进行详细的交流与沟通，以此赢得别人的理解与支持，顺利得到研究需要的相关材料；每年在课题申报的时候，史昭乐所长都会用自己的亲身经历鼓励我们，对于社科研究申报要有屡战屡败、屡败屡战的信念和决心，并对我的研究报告逐字逐句地用红笔细心修改；年轻同事们教我如何录入问卷，从社会学研究基本功学起，周芳苓还耐心告诉我到贵州省社会科学院的路有多少条，帮助我尽快熟悉单位周边环境……至今，这一切仍深深地打动着我，在我的脑海里留下深刻的

---

① 作者简介：郭丽，贵州省社会科学院马克思主义研究所所长、研究员。主要研究方向：基层党组织建设、国有企业社会责任建设。

印象。

2006年，贵州省社科规划课题招标开始了。申请书设计、拟定提纲、任务分工、开展调研、撰写、统稿、再修改与完善、定稿，这是完成研究报告必经的阶段和过程。我怀着忐忑的心情试着设计了省招标课题《贵州省“整脏治乱”法规政策研究》，开启了我人生的第一个研究报告设计书，没有任何科研功底做设计书让我缺乏自信，于是就请教比我年轻、但科研经历比我丰富的周芳苓、高刚、杨红英、罗曼等几个同事，大家对我的设计书从题目开始讨论，耐心帮我分析，题目应从什么视角更有研究价值和意义，更容易中标，也更容易做，然后讨论课题设计的主要内容和结构，研究思路逐渐清晰，经过集体讨论让我对研究报告设计有了初步认识。紧接着我又设计省长基金课题《贵州省农村公共产品供给新体制研究》，我与年轻同事们又共同完成了一个省长基金课题。经过两个研究报告的历练，我对自己以前从事的教学工作与科研工作有了较为完整的认识。教学工作侧重理论梳理与宣传，科研工作侧重实践问题分析与解惑。社科研究重在务实，需要科学的研究方法，得出科学结论，提出具有针对性和可操作性的对策建议，两者互为补充、互为完善。两者不同之处在于社科研究不仅需要用文献研究法，座谈访问法，更需要问卷调查研究方法来进行实证研究，对于解决现实问题更具有价值与意义。

《贵州省“整脏治乱”法规政策研究》《贵州省农村公共产品供给新体制研究》两个课题都设计了问卷调查，贵阳市、遵义市、毕节市、黔东南州、铜仁市等地方都留下了课题组成员的身影。在毕节市黔西县素朴镇进行问卷调查，正好赶上村里有人结婚，课题组成员兴奋无比，觉得正好集中进行问卷调查，效率高，不用到每家每户走访调查了。坐在婚礼现场与村民进行一对一的问卷调查，不知不觉天色已晚，结束时大家仍不觉得累，还很高兴地说今天调研成果丰硕。回到贵阳，团队成员分工进行问卷录入与统计，将问卷调查统计结果分享给大家，供撰写报告采用。

一转眼，我从事科研工作已15载，其中最让我难忘的时光，是在社会学研究所工作的7年。忘不了2008年，社会学研究所与区域经济研究所为了撰写《中国国情丛书：百县市经济社会调查·遵义卷》到遵义地区（现为遵义市）遵义县（现为播州区）调研时，课题组成员共同经历四川汶川大地震时当地震感较强烈的场景；忘不了大家在办公室一次一次讨论、沟通与交流，争先恐后发言，统一认识的场景；忘不了课题组成员在崎岖山路上颠簸入村入户调研的场景；忘不了在自家小屋通宵达旦，聚精会神统稿、完成定稿，绽放高兴笑容的场景。这7年当然不是上述的几个场景就能诠释的，但最值得抒写的是社会学研究所科研人员的团队精神。团队精神让大家在工作中找到科研志趣，科研不是单兵作战的科研，是一个团队的科研，是一个所的科研，一次次的合作历练意味着一次次提升，相互关心与支持，这样的科研工作环境就像一个温暖的大家庭，每个人都在这个大家庭中逐渐成长、成熟。

当然，社会学研究所仅仅是贵州省社会科学院从事社科研究团队中的一分子，是贵州社科人团队精神的一个缩影，正因为有了社科人一代又一代团队精神的积淀，贵州省社会科学院才有如今60年的辉煌与成就。在新时代的科研征程中，更需要年轻的社科人秉承前辈们传承下来的团队精神与奉献精神，以学术著作、科学论文、调查研究报告、资料翻译和文献整理等形式向社会各界提供高质量的科研产品，发挥好为省委省政府决策参谋咨询、服务社会的作用。

生命中的“三个十年”与“三个平台”

王跃斌[①]

我从高校毕业至今，工作已有33年，其中三分之二的时间在贵州省社会科学院工作。生命中“三十而立”“四十不惑”“五十知天命”这三个“十年节点”，都是在贵州省社会科学院度过的。贵州省社会科学院给予了我“三个平台”，让我感慨、感悟，更怀感恩。

一、干事平台

1997年3月初，当时在贵州民族学院（现贵州民族大学）基建处（时任主持工作的副科长、工程师）工作的我，收到了贵州财经学院（现贵州财经大学）的商调函。因之前时任贵州省社会科学院党委常委、副院长蒙秋明多次动员我到贵州省社会科学院工作，我当即向他做了汇报，他让我将商调函和个人调动申请马上送达他，以便向院党委汇报研究调入贵州省社会科学院。很快，时任院党委书记肖先治、副院长蒙秋明、人保处副处长唐显良、总务处副处长聂昭汇等领导就同我进行了面谈，我表示因在市郊工作不便，希望调到市区工作并解决住房问题，愿意到贵州省社会科学

① 作者简介：王跃斌，贵州省社会科学院党政办主任。

院工作，为院基建工作做出贡献。1997年4月，贵州省人事厅（现为贵州省人力资源和社会保障厅）下达调动函，我正式调入贵州省社会科学院任基建办副主任、工程师。调动工作的顺利，我感受到贵州省社会科学院党委、行政对院基建管理工作的高度重视，感受到对基建管理专业技术人员的惜才之情。此时，院图书楼工程项目完成桩基工程，我第一次上工地就遇到南明区公安分局来现场检查，发现图书楼工程消防建审手续不完备，下达了停工通知。我即到武警贵阳市消防支队，找到之前熟悉的建审科负责人，得到他们热情接待和大力支持，决定由市消防支队直接接手办理，取消停工通知，确保了图书楼工程施工进度。彼时年轻的我初次感受到因工作关系认识职能部门同志，并通过认真配合工作被认可的欣喜。同时，也因初次代表贵州省社会科学院顺利开展对外工作被认可，融入贵州省社会科学院这个新的大家庭而欣慰。

二、挂职平台

2008年3月，根据中共贵州省委组织部的选派，我挂任中共三穗县委常委、县政府副县长，挂职两年。时任院党委书记金安江、党政办主任唐显良、人事处处长赵筑燕一行送我到三穗县报到，在与时任中共三穗县委书记杨秀锡交接时，杨秀锡书记考虑到我是院党政办副主任，院里的工作繁杂，提出是否院、县两地兼顾工作。金安江书记当即明确表示，王跃斌同志到三穗县挂任职工作两年，就是要在县里实实在在地工作和锻炼学习。在此后的两年中，县委、县政府将我同本地县领导一样对待，明确有分工、分管科局和联系部门。其间，院领导和专家十多次到县里指导工作并慰问关心我，使我备受鼓舞和鞭策。2009年的一天，院党委书记金安江在结束省政协视察工作后，早上8点从榕江县出发，连续乘车6个多小时，赶到三穗县专程看望我，并听取县委书记杨秀锡对我在县工作情况的介绍，使我感动至深。在院、县两地领导和同志的大力支持下，我全身心地、真心地投入县里的工作，分管主抓的三穗县申报全国科普示范县、申报贵州省科技进步先进县成功通过并予授牌，实现了三穗县历史上科技、科普工作“两个零突破”；分管主抓的三穗县农村危房改造试点工作得到了省州两级的肯定。2010年挂职结束后，我被中共贵州省委组织部、贵州省人力资源和社会保障厅、贵州省科技厅和贵州省农业委员会联合表彰为“贵州省优秀科技副职”，为贵州省社会科学院增添了荣誉。我深切地认识到，没有院党委、行政的支持就没有我人生中两年的挂任职锻炼经历，也就没有我行政管理能力的大幅提升和社会阅历的丰富，感谢贵州省社会科学院。

三、挑战平台

2010年12月，院党委决定将当时在院处级干部中年龄比较年轻的我从院党政办副主任岗位调任院财务处副处长（主持工作）。此时的院财务处正处在一个特殊时期，部门负责人缺岗已经一年多时间，面临财务工作人员短缺等困难情况。面对全新的岗位和挑战，我服从院党委的工作安排，在院领导和全处同志的支持配合下，及时转化角色，在短时间内完善各项财经制度，及时调研掌握财务运行情况，使财务处工作走上了正常运行轨道。2015年1月至6月，贵州省审计厅派出审计组到我院开展驻点审计工作，院党委、行政安排我担任联络员。在组织好财务处日常工作的同时，我遵照院领导确定的“如实、及时、周到”的工作原则，树立大局意识，认真配合审计组工作。在院党委、行政的领导和全院同志的大力支持配合下，审计组顺利完成驻点审计任务，他们对我院工作上的积极配合、周到服务高度肯定。此次审计工作的完成，彻底扭转了我院财务工作在贵州省审计厅的负面印象。按照院党委、行政的部署，财务处以此次审计整改为契机，梳理、修订院财务规章制度和业务流程，大幅提升了全处工作人员的业务水平和管理服务水平，树立了财务处的窗口形象，助推贵州省社会科学院行政管理和服务工作上新台阶，感谢院领导及全院同志的支持、理解和配合。

饮水思源，理当感恩。当下我还在院行政管理岗位工作，我将不断学习，继续尽职履责，回报贵州省社会科学院，回报领导和各位同仁，为贵州省社会科学院的发展做出新的贡献。

我和《社科内参》

沙　飒[①]

一、缘起

一转眼，调入贵州省社会科学院已经13年了。刚到贵州省社会科学院时，分配在社科信息部，那时社科信息部主要承担成果推广、舆情信息等工作，还有省委党校培训班的部分教学任务。成果推广怎么做，院里当时并没有建立起相应的渠道。曾国强主任带领大家尝试通过编《社科内参》来推广我院的优秀科研成果，我们自己设计了《社科内参》的版式，联系好印刷厂，然后就着手开始做内容。但是内容怎么做，心里也没有数。记得写第一份《社科内参》时，曾国强主任交给我一本书，说就做这个吧，我一看，是胡晓登研究员著的《利益·和谐·稳定——预防和解消西部重大群体性事件研究》，这是胡晓登研究员"优秀"结项的国家社会科学基金项目研究成果，该项目的《成果要报》还呈送中央政治局常委，有这个重量级成果打头阵，我们自然有了很多勇气。这是我到贵州省社会科学院得到的第一本书，厚厚的一本，起初不敢下手，后来从头到尾看完，觉得句句珠玑，怎么才能写成几千字的内参送给省领导看呢？在胡

① 作者简介：沙飒，贵州省社会科学院人事处处长、研究员。主要研究方向：舆情治理、公共管理、项目管理。

晓登研究员和曾国强主任的指导下，采用了“基本情况、主要问题、原因分析、对策建议”这个体例，写成了第一份《社科内参》，这体例也大致成为前期《社科内参》的基本格式。

二、艰难的渠道探索

贵州省社会科学院有很多很好的研究成果可以推介和转化，但是送给哪些部门呢？我们把范围确定为四大班子和省委宣传部，以及相关的省直部门。当我们拿着印好的《社科内参》，兴冲冲地去有关部门时，人家并不接纳，尤其是省委办公厅、省政府办公厅，每次介绍半天，他们偶尔收下，或者干脆就不收，说领导没有时间看这些。宣传部这边还好，第一次接纳后，我们就按时继续报送了。人大、政协送过去后没被退回，也就接着送了。

那个时期，我们抱着一叠《社科内参》一处一处地跑，驾驶员师傅都在说，最烦这个信息部了，每次东西一大堆，还要跑那么多地方。每一次能送出去一份，我们就松一大口气，像完成了一个巨大的任务。终于有一天，院党政办通知我们，说我们的《社科内参》全部被退回来了，办公厅文书处很严厉地说这是社科院的内部资料，他们没有义务接受并转发这些内部资料。

实在没辙了，打听到有机要局这样一个渠道，心想通过机要总不会被退回吧，于是向院里申报了一点经费，通过机要寄送内参，虽然有一些波折，但这个渠道总算给保留下来了。

三、做《社科内参》的体会

慢慢地，我们的《社科内参》也逐渐有了起色，不时还能得到省领导的批示。但我真正体会它的价值，是2010年年底的一次讲座。那一次院里举办“应用对策研究专家报告会”，邀请了时任省委副秘书长刘奇凡来作讲座，他说了一个事情，当时省里正在做“十二五”规划，那时贵州经济发展态势比较好，省里想把“十二五”时期打造成为改革开放以来贵州经济社会发展最好最快的时期，省领导觉得“十二五”时期经济增长速度可以定得高一点，但是具体要定多少，大家心里面都没有数。刘奇凡副秘书长说，正好是2010年国庆节之后上班的第一天，一到办公室他就看见桌上放着一份贵州省社会科学院的《社科内参》，这期内参正是刘庆和研究员关于“十二五”贵州经济增长速度与投资规模的测算分析。他说拿到《社科内参》非常高兴，把内容看完了之后，马上就向领导做了汇报，后来还请刘庆和研究员给省委常委们做了一次讲座，时任省委书记栗战书给予了很高的评价。

我一边听一边开心极了，觉得我们的工作这么有意义，感到非常自豪。通过这件事，我也深刻地认识到成果转化首先是内容为王，虽然形式和表达很重要，但其中的内容一定要有思想、有见地、有针对性。在贵州省社会科学院编辑《社科内参》这些年来，自己也受益匪浅，能够接触到这么多专家的优秀成果，每个专家的思路、研究方法和分析论证，都给了我很大的启迪。在做内参的过程中，还慢慢体会到每个专家成果的特点，有的理论深邃，有的分析透彻，有的逻辑清晰，有的语言清新，有的高度凝练，有的深入浅出，总是令人耳目一新……感觉贵州省社会科学院真是一个藏龙卧虎之地。

四、成果转化的升级版打造

随着贵州省社会科学院新型智库定位越来越明晰，成果转化工作也越来越重要，除了通过《社科内参》报送优秀科研成果，院里还拓展了多种渠道，如通过“政务信息”“党务信息”等平台报送研究成果，还着力打造了高效灵活的《甲秀智库专报》，社科成果转化发挥出越来越大的社会影响力，得到了省委省政府主要领导越来越多的批示，很多外单位如省社科规划办、科技厅、还有一些研究院所都来学习我院成果转化的经验。

为了进一步推动新型智库建设，2020年，院里设立了智库工作处，把成果转化的工作统揽起来，实现了我们想象中成果转化“中央厨房”的方式，成果转化的形式载体越来越丰富，有体现完整研究成果的《社科内参》、短平快的《党委信息》《政务信息》《舆情信息》，也有精心策划、时效性针对性俱强的《甲秀智库专报》等，基本形成了我院成果推广的平台矩阵。越来越多的科研人员也把成果转化当作科研的一个环节，不再只是低头研究，也关注省委省政府的中心工作，想领导之所想，思人民之所需，回应社会之关切。成果推广和转化成为我院提升智库咨政服务效能、实现应用对策研究功能的“关键一跃”。每一次看到（听到）贵州省社会科学院又得到那么多领导批示，有那么多成果转化应用，就觉得非常有成就感，为自己在这个岗位上热情奉献而感到自豪。

现在，我到了新的岗位。新的岗位有新的要求，也有新的挑战，不变的是，这同样也需要有一份敬畏科研之心，需要有甘于奉献的精神、热情服务的态度，我将带着同样的热忱做好每一件事，无愧回望的每一段时光。

爽爽贵阳　美丽家园

罗以洪[①]

在贵州省社会科学院60周年院庆之际，我深感荣幸能够被邀请撰写本文，回想起到贵州省社会科学院工作及生活的点点滴滴，感到激动和自豪。大美贵州、爽爽贵阳是我的第二故乡，贵州省社会科学院是我人生的美丽庭院。

一、多彩贵州，让我“贵定”

我出生于重庆市酉阳县龚滩古镇，老家龚滩古镇与贵州省沿河县一江之隔，从小渡过乌江便到达了贵州境内，从小与贵州结下了深厚的情缘。人到中年之后，贵州成为自己奋斗与生活的地方。青少年时期，我曾经在重庆、成都学习、生活和工作。因为贵州凉爽的气候、淳朴的民风、良好的环境吸引了我。2013年年底，从电子科技大学博士毕业后通过人才引进绿色通道被聘用到贵州省社会科学院，于2014年4月正式到区域经济研究所工作，算得上是一名真正的“贵漂、贵居、贵定”。6年多的生活和工作，使我更加深深地爱上了贵州这片土地，亲历了贵州这些年来的巨大

① 作者简介：罗以洪，贵州省社会科学院区域经济研究所副所长、研究员、博士。主要研究方向：区域经济、大数据、区块链、茶产业供给侧结构性改革。

变化。

天堑变通途，贵州从“县县通”到“组组通”，从“绿皮火车”到“高铁时代”，从一个机场到9市（州）通航，从激流险滩到“黄金水道”。“三大战略”行动、“三大试验区”建设、精准扶贫让农民脱贫致富奔小康，大数据、大射电、西部陆海大通道等新时代新名词，表明贵州搭上了经济发展的“快车道”，不断迭代的变化，不仅给贵州人民的幸福生活带来了日新月异的变化，也让贵州逐渐走向世界，影响着世界。我们生逢盛世，何其幸运！我们见证时代，又是何等荣耀！作为一名新的贵州人，我为贵州而自豪！

记得2013年年底到贵州省社会科学院参加人才招聘面试考试的时候，院领导曾问我：“你为什么要到贵州省社会科学院工作呢？”我回答道：“一是贵阳凉爽的气候。我是重庆人，在重庆、成都生活过，成都、重庆夏天炎热的气候和贵阳形成天壤之别，贵阳气候凉爽、环境优美，非常适合居住。二是贵州省社会科学院优越的科研环境。贵州省社会科学院是党委政府的智囊团，在这个地方既可以发挥自己的学术价值，又有机会将自己的一些科研成果转化为政府决策。”虽然到贵州省社会科学院工作失去了在高校教书育人的机会，但并不后悔，喜欢这里的科研氛围，珍惜与同事、朋友结下的深深情缘。

二、浓浓情怀，温馨家园

贵州省社会科学院的主要职能是研究，在很多人看来是没有权力的部门。贵州省社会科学院的领导、同事非常谦逊，容易相处，和同事、领导相处非常随和，领导和下属之间没有任何架子，和蔼可亲，同事间真诚相待、相互协助、相互促进、共同成长。刚到院里时，由于女儿在上高中，承担的科研工作与照顾孩子生活学习发生冲突，所领导、院同事主动帮助，协助解决和克服了生活中的一些困难，在领导及同事们的热情帮助下，女儿也顺利地考上了大学。在贵州省社会科学院让我感受到了组织的关心和集体的温暖，浓浓情怀、丝丝爱意，贵州省社会科学院就是我温馨的家园。

三、辛勤耕耘，方有收获

“宝剑锋从磨砺出，梅花香自苦寒来”。在贵州省社会科学院的首要工作是做好科研，刚到这个地方，并不知道如何做科研。记得刚到院里来的时候，院里面的领导就曾经语重心长地告诉我，要想取得一定的研究成果，没有扎实的调研、辛勤的努力，就不会有很好的科研成果，在贵州省社会科学院工作，就是要多调研，不要闭门造车，要“用脚板底做学问”。2014年以来，除了参与所、院里面的一些科研课题外，自己也结合研究基础和专长，聚焦研究方向，深入到各个市（州）调研，逐步找到了自己感兴趣的研究领域。兴趣和投入是最好的老师，只有你真正地为科研付出，辛勤耕耘、方有收获。通过茶产业课题研究，逐渐对我国茶产业有了较深入了解，于2017年获得了国家社科基金项目茶产业相关课题立项；通过在院大数据中心参与完成大数据相关课题研究，对大数据有了较深认识，几年来完成了大数据相关的省级重大招标课题3个；通过对FAST问题研究，对FAST也有了较深了解，通过在全国政协撰写的2个FAST相关提案获得立案并得到了较好社会反响。做好社科研究，最好的老师就是多进行田野研究和社会调查，强化扎实的基础调研，不仅要将成果写到论文和专著中，也要将成果写到我们经济社会发展的各项具体决策里，更好地为贵州的经济社会高质量发展服务。

四、深入科研，勇担使命

做好科研，对研究课题的责任和使命是关键。作为一名社科研究工作者，我对科研工作的热爱与执着缘于对哲学社会科学研究的使命感和责任感。我根据自己的研究特长，加强对贵州发展实践经验的归纳总结和贵州发展新路的理论体系研究。以问题和结果为导向，树立强烈的问题意识，回应时代提出的重大课题。认真思考，超前谋划，与其他社科理论研究工作者共同努力，做好省委省政府的智囊团，深入研究解决省委省政府关注的重大而紧迫的发展问题，力争用具体行动去推动理论创新和实践应用创新。2020年春节，突如其来的新型冠状病毒肺炎疫情让这个春节极不平凡，正在休假的我收到单位领导的短信，说要针对这次疫情最新情况加强研究，积极撰写专报，为省委省政府提供决策参考。疫情涉及医学领域，与自己的研究领域关系不大，如何找到问题、解决问题是关键。自己和浙江大学城市学院、医学院、美国德克萨斯州女子大学护理学院、贵州省人民医院等单位专家交流讨论，发现新型冠状病毒感染的肺炎疫情是对呼吸道传播疾病的挑战，短板在于呼吸道传染疾病防控能力有待提升，研究发现，我省公共卫生防疫中存在呼吸道疾病防控宣传教育不足、公共卫生基础设施建设有待提升、呼吸道传播疾病防控政策法规有待完善等问题，于是积极撰写专报《提升我省呼吸道传播疾病防控能力，推动健康贵州建设的建议》，通过《甲秀智库专报》2020年第5期报送，很快得到了时任省委书记孙志刚的批示。以问题为导向找到研究的切入点，主动思考，疫情期间有3篇专报获得了省主要领导的批示。

五、走出黔中，做好代言

作为社科工作者，要牢固树立“四个意识”，坚定“四个自信”，做到“两个维护”。走出贵州省社会科学院，代表的就是集体；走出黔中大地，代表的就是贵州；走出国门，代表的就是中国。只有对这片土地的深深热爱，才会勇于担当作为，才会以求真务实作风把研究做到实处。2016年7月9—11日，我到内蒙古自治区锡林郭勒盟锡林浩特市参加2016年中国区域经济学会少数民族地区经济专业委员会年会，大会临时决定给贵州省一个名额做主题发言，主要内容为演讲参会论文内容或自拟题目，我觉得这是让与会专家认识贵州、了解贵州的一个难得机会，于是彻夜撰写了演讲稿《民族地区经济发展的贵州之路》，还给与会专家介绍了贵州最具特色的五张名片：红军长征的遵义会议会址、亚洲最大的瀑布黄果树瀑布、毛泽东主席命名的全国十大名茶“都匀毛尖”、最具民族特色的贵州西江苗寨、世界最大的500米射电天文望远镜FAST。站稳立场、善于表达、讲好多彩贵州故事，让贵州学术走向全国、走向世界，让世界倾听贵州声音，这就是我们贵州社科工作者的应有责任，走出黔中大地，向世界展示真实、立体、全面的贵州，我为贵州而代言！

我深深地知道，在贵州省社会科学院这个温暖的大家庭里，自己收获良多、受益匪浅，都是因为有了这个温暖家庭的原因。贵州省社会科学院作为贵州省唯一的哲学社会科学综合性研究机构，在省委省政府正确领导下，以基础理论研究为依托，以应用对策研究为重点，以贵州经济社会发展中的重大理论和实际问题为主攻方向，“科研立院、人才强院、管理兴院”三大战略和以质量为中心的科研转型升级取得显著成效。目前，贵州省社会科学院正朝着“全省哲学社会科学综合研究中心，党委、政府‘思想库’、‘智囊团’和西南地区领先的知名智库”的目标不断前进！期望贵州省社会科学院未来更加辉煌，取得更加骄人的成就！

岁月无声亦留痕

明秀丽[①]

桌上，摆放着的是入院30年的纪念品，上面有我们熟悉的甲秀楼的标志，它既表明了贵州省社会科学院坐落于美丽的南明河畔、甲秀楼旁，也见证着贵州省社会科学院60年的历史，贵州省社会科学院的学术讲座以甲秀论坛为名，更充分证明了这一点。它也铭刻着我们30年来在贵州省社会科学院的成长岁月。在这漫长岁月中，我们有着太多的收获。有成绩有挫败，有成功有失误，有开心也有沮丧。看到它，我仿佛看到了刚跨出大学校门的我，看到了刚来到贵州省社会科学院的同一批新人的笑颜，看到了我们在这里的辛苦劳作，也看到了前辈们对我们的谆谆教诲和悉心指导。在这里，谨向所有帮助过我的老师和同事们说一声：谢谢大家的支持、帮助和鼓励。

我是1986年7月中旬大学毕业分配到贵州省社会科学院工作的。那时的我带着派遣证，隐藏着自己忐忑不安的心情，怯怯地跨进了贵州省社会科学院的大门，开始了在这里长达30余年的工作生涯。

在这里，我遇见了与我同一年进入贵州省社会科学院的申凤敏、黄晓、杨雪梅、陈川东、李平林等人，尽管我们所学专业不同，被分派到了

---

① 作者简介：明秀丽，贵州省社会科学院《贵州社会科学》编辑部副编审。主要研究方向：民族文化、宗教文化。

不同的工作部门，但每每想到入院学习的那些日子，我都由衷地感谢我们有缘相遇。

1986年9月，我们与贵州师范大学、省轻工厅、省林业厅的新入职者数十人一起前往从江，开始了我们为期一年的支教工作。在这短短的一年里，我们分别在从江民中本部、职校以及下面的学校担任教学工作，与那里的师生互帮互学，并在工作之余对从江的风土人情进行走访和了解，从中获益匪浅。直到1987年暑假，我们圆满完成了支教任务，重新回到贵州省社会科学院，开始了我的编辑职业生涯。

我刚进入编辑部时，《贵州社会科学》还分为文史哲版和经济社会版，分单双月出刊。在这里，胡雄杰、鲍昆明、肖自立、林建曾、康健文、张劲、李建国等老师不时为我答疑解惑，让我较快融入编辑部的工作中。

进入编辑部后，随着工作的逐渐深入，我开始发现了一个问题，尽管我们在学校经过了四年的中国史专业知识学习，但在工作中，仅有的这些知识明显不够。在学校，我们学习的都是一些比较宏观的知识，对很多问题的认识，也仅限于书本，了解的知识系统性强，一些常识性的东西较多，但却缺乏对地方史的认识了解，而无论是在编辑工作中还是在参加老师们组织的课题中，都会涉猎更深更多的专业性和地方性的知识。为此，我在认真完成本职工作的同时，开始努力阅读搜集地方史和少数民族文化方面的书籍和资料，从资料入手，配合工作和课题研究的需要，尽可能更好地完成参与的编辑刊物工作和课题研究工作。

随着时间的流逝，我逐渐适应了编辑工作和流程，而与此同时而来的，是编辑排版工作的一个巨大变更，那就是排版电子化的工作。这个变化尽管看上去微不足道，但对熟悉了文字编排工作的我们来说，却是一个巨大的挑战，在经历了排版格式、脚注、参考文献等的一次次调整中，我终于适应了这一变化，处理文稿也渐渐步入正轨。在这期间，随着刊物栏目工作的逐步拓宽和完善，我的工作重心由历史学稿件编辑转为教育学和民族学稿件编辑，为了适应这一转变，我也开始注意拓宽自己的知识面，遇到新名词新知识多学多问，尽量减少自己工作中的失误，编辑的一些稿件也在《中国社会科学》《人大复印资料》《高等学校文科学术文摘》《新华文摘》等刊物转载，取得了一些成绩。

在完成编辑工作的同时，我参加了《世界三大宗教在云贵川地区传播史》《仡佬族文化史》《贵州名人词典》等的撰写工作，也从中找到一些关注点，完成了几篇论文。

说起在贵州省社会科学院的这些年，可以说是有开心也有苦恼、有成功也有挫折，但不可否认的是，正是由于有了领导和同事们的关心和帮助，我才有了这些微不足道的成果。在此，我要向领导和同事们道一声谢谢，说一声珍重。

流年逝水，岁月无痕，捡拾这些年来的点点滴滴，我只想说一句：岁月无声亦留痕，祝愿贵州省社会科学院以及各位同仁在今后的日子越来越好！

“马克思主义理论研究和建设工程”重大课题攻关亲历记

周之翔[①]

2015年11月一个寻常的阳光灿然的冬日下午，受历史所麻勇斌所长委托，我和徐适同志跟随时任院长吴大华研究员来到省委办公大楼，列席了时任中共贵州省委常委、宣传部部长张广智同志主持的会议。会议的主题是研讨中共中央宣传部马克思主义理论研究和建设办公室委托贵州省的“马克思主义理论研究和建设工程重大实践经验总结”课题、2015年度国家社科基金特别委托课题——“贵州省牢牢守住发展和生态两条底线实践研究”提纲。看到会议议程，我才明白，该课题于7月初立项，由张广智同志牵头，委托贵州省社会科学院承担具体研究工作，贵州省社会科学院成立了初步的课题组，经过一个多月的调研，也拿出了课题研究提纲。会上，吴大华同志介绍了课题进展和研究提纲。来自省委宣传部、省委政研室、省文化厅、省委党校和省委讲师团等的专家们就提纲进行了论证，指出提纲涵盖内容广泛，是一本书的框架，针对性不强。作为列席成

① 作者简介：周之翔，博士，时任贵州省社会科学院历史研究所研究员，现为广东省广州市社会主义学院（广州市中华文化学院）文化交流部研究员。主要研究方向：中国古代文化史、宋明理学、湘黔地方文化、生态文明建设。

员，我也做了一个发言，指出该提纲虽然涵盖内容很全面，囊括了贵州省“十二五”时期经济社会发展的各个方面，总体上把握了习近平总书记对贵州发展要处理好发展和生态辩证关系的指示精神，研究性和学术性还是比较强的，当然需要进一步聚焦于主题，要从贵州怎么看、怎么干、干了什么、有哪些经验四个方面进一步优化提纲。会议决定，该课题仍然由贵州省社会科学院承担，要充实课题组力量，优化提纲，按时保质完成课题。

由于课题院内主要科研负责人出国访学，院领导决定将课题转交给历史研究所承担，麻勇斌所长向院领导建议指定课题主攻手，由主攻手负责组织科研团队开展课题攻关，并推荐我作为该课题的主攻手。2015年11月21日下午，由吴大华研究员主持，时任省委宣传部理论处处长李胜同志，我院科研处罗剑处长、戈弋副处长，以及历史所麻勇斌所长及范松、安尊华、李德生、张云峰、黄昊、徐适、龙平久等学者和文化所李代峰副研究员，在历史所会议室召开会议，决定历史所为课题攻关的具体承担单位，历史所全员和文化所李代峰同志组成课题组，由我来承担主攻手的职责。

自此，课题攻关小组在院领导的支持、指导下，迅速进入状态，科研工作全面开展。大体上分为两个阶段。

第一阶段：基础工作阶段

（1）拟定调研计划和调研提纲，深入各市（州）开展调研

2015年11—12月，课题组分赴贵阳市双龙经济技术开发区、安顺市经济技术开发区、铜仁大兴经济技术开发区、贵安新区等地开展实地调研，专项调研了贵阳市生态城市建设、大数据产业开发，安顺市新型工业

化道路实践，以及铜仁市“互联网+”等信息产业的发展。积累了大量的一手材料。同时到毕节、六盘水、黔东南等市（州）开展扶贫开发、生态保护等的调研。

（2）进一步细化和丰富研究提纲

2015年11月20日、12月9日，课题组根据调研情况，组织专家对课题研究提纲进行论证，并作出了较大的调整与修改，围绕贵州怎么看，即怎么认识和理解两条底线思想的巨大理论与实践价值；贵州怎么干，即在促进贵州经济社会全面发展的实践中，守住发展速度、人民收入、贫困人口脱贫、社会安全、山青、天蓝、水清、地洁等八条底线有哪些重大举措以及如何实施；贵州有何经验等三个问题，贵州接下来将如何继续牢牢守住两条底线的战略部署为逻辑线索，重新拟定和细化了提纲。

（3）组织课题组集体学习习近平总书记重要讲话、阅读重要文献和调研资料

2015年11月26日、12月2日、12月8日、12月9日，课题组开展了集体研读重要文献和调研资料的研习会，对研究提纲进行了进一步完善，对下一步工作进行了部署。

通过这段时间的调研考察和学习，课题组认识到，习近平总书记要求贵州牢牢守住发展和生态两条底线，为贵州的发展明确了历史使命、战略定位、思维方法、政策机遇和重点任务，进一步推动了贵州发展观念的转型，使贵州牢牢守住发展和生态两条底线的实践实现了从“思想自为”到“实践自觉”的根本转变。按照习近平总书记对贵州发展提出的新的更高要求，贵州及时展开了“守底线，走新路，奔小康”的战略部署，围绕守住发展底线和生态底线，着力实施“大扶贫、大数据、大生态”三大战略行动，全面开启了“十三五”守住发展和生态两条底线的新征程。

在此基础上，课题组形成了主要认识。一是习近平总书记对贵州提出

的守住发展和生态两条底线的要求，对于贵州发展具有空前巨大的现实意义和深远意义。二是贵州在守住发展和生态两条底线的实践中，形成不少适宜于欠发达地区跨越发展和生态文明建设的宝贵经验和智慧。比如，决战贫困的经验与智慧；生态文明建设的经验与智慧；内陆地区开放开发的经验与智慧等。三是贵州在守住发展和生态两条底线的持续探索中，有不少创新与突破。这些创新与突破，是省委、省政府锐意进取的历史见证，是贵州各民族干部群众主动发挥主体能动性和创造性的历史见证，是贵州继续按照习近平总书记的要求，“守底线，走新路，奔小康”的重要实践经验。四是贵州守住两条底线的实践在“十一五”期间，表现为“模块化”运作，即以交通基础建设和推动“多彩贵州”文化大发展大繁荣为两大模块引领，破解困局，快速突进；“十二五”期间，体现为省委、省政府“以魄力催动力、以创新聚合力”，高举“发展、团结、奋斗”三面旗帜，强力推动，后发赶超、跨越发展。

第二阶段：打磨提质定稿阶段

2016年1月19日，中宣部理论局在南京组织了2015年马克思主义理论研究和建设工程课题的工作交流会，贵州课题的选题和工作进度以及提交的前期成果，得到了理论局领导的好评。会后，吴大华研究员向课题组传达了会议精神，课题组即着手按照1万字的最终成果的要求重新拟订提纲，撰写最终成果报告。经过3个多月马不停蹄地写作、密集修改打磨和专家评审，完成了最终成果报告。

1. 五易其稿。马克思主义理论研究和建设工程重大实践经验总结课题研究，是一项全新的工作，没有现成的经验可以照搬，没有典范的文本模板可以借鉴。3月中旬，课题组完成了2.3万余字的最终成果第一稿。3月底，大幅度修改成1.3万余字的第二稿。4月初，为进一步提升稿件质量，我院又组建了最终成果质量提升专家组，由吴大华研究员、李胜博士、麻勇斌研究员、刘庆和研究员、许峰博士、谢忠文博士和我组成，在南明河畔的一座小宾馆集中改稿。通过近两周的努力，4月中旬改出了第三稿，4月22日拿出了1万字左右的送审稿。5月3日，形成了9900余字的最终成果上报稿提交给省委宣传部。

2.多次审稿。为了保障最终成果质量，最终成果提纲和主要内容经过了多次论证。稿子出来后，课题组牵头人张广智同志分别于3月28日、4月25日主持了咨询会和审稿会，并委托吴大华研究员带领课题组主要成员于3月17日至20日，赴浙江、广东等地调研取经，为修改完善最终成果打开视野与思路；又于4月1日在北京召开专家咨询会，邀请中国社会科学院、中央党校、国家行政学院等单位专家学者对最终成果总报告提修改意见。

5月上旬，最终稿遵照张广智同志的意见，又做了一些修订，即由省委宣传部理论处报送给了中宣部理论局。2016年7月，成果得到时任中共中央政治局委员、中央书记处书记、中宣部部长刘奇葆同志肯定性批示，该课题研究报告作为重要理论成果纳入中宣部重点宣传阐释内容。8月，时任贵州省主要领导也相继对课题成果作出了肯定性批示。9月，成果在《经济日报》头版头条刊登。2017年1月，课题正式结项。

课题指出，贵州是贫困问题最突出、生态地位极其重要的欠发达省份。贵州的发展始终牵动着习近平总书记的心。牢牢守住发展和生态两条底线，是习近平总书记对贵州发展的重要指示。遵照习近平总书记的指示，贵州以两条底线为全省各地各部门的施政依据和行动共识，以生态文明理念为引领，以破解贫穷落后和生态脆弱叠加交织的困局为着力点，量化两条底线八个方面的具体指标，全面深化改革开放，大力突破交通、水利等瓶颈制约，着力优化生态环境、发展生态经济、繁荣生态文化、完善生态法治，较好地实现了百姓富与生态美的统一，探索了青山常在、绿水长流、空气常新，各民族群众在良好生态环境中生产生活的美丽贵州建设之路。贵州的探索实践表明，要做到“两条底线一起守，两个成果一起收”，必须以良好的政治生态持续优化发展环境，必须辩证处理好发展和生态的关系，必须强化生态文明体制建设，必须善于培植和发挥比较优势，必须坚持发展是为了“人民至上”的价值取向。“牢牢守住两条底线”的贵州实践，是一次从行动自觉到理论自觉、再从理论自觉到行动自觉的生动实践，是习近平总书记新理念新思想新战略在贵州的落地生根、开花结果，是西部欠发达地区后发赶超的实现路径，是美丽中国建设的重要遵循。

贵州牢牢守住发展和生态两条底线的实践，是习近平新时代中国特色社会主义思想在贵州的落地生根和开花结果，具有很强的理论性、规律性和创新性，课题组在深入调研的基础上，不断加强理论学习，不断运用理论思考、规律思考和创新思考的方法，提升了最终成果的理论深度，最终圆满完成了这项开创性的任务。在院领导的指导和课题组同事的帮助与支持下，本人通过自始至终参与这一课题攻关，无论是理论素养、思维素质、写作能力与组织能力等，都得到了很大提升。

南明河畔的耕耘创获

谢孝明①

一、来贵州，与贵州省社会科学院结缘

诗和远方，是每个人曾有的梦想。我对贵州的认知，最初是从中小学教科书上得来的。教科书里讲贵州“夜郎自大”“黔驴技穷”“天无三日晴，地无三尺平，人无三分银”的故事，所讽所喻，贵州蒙辱。但在我充满好奇和幻想的少年的心里，除了印象深刻，岂有半点的恶感？贵州也如远古美丽的神话和天方夜谭般的传说，是诗和远方。

后来读伟人毛泽东长征时写的《忆秦娥·娄山关》《十六字令三首》，从那些沉雄瑰丽、气韵天成的词句里，感受到贵州山川的那种磅礴雄浑的气势和诗人震古烁今的英雄豪情。再后来，我去云南大学求学，每次经过贵州，从缓缓行驶的火车上，看群山万壑，连绵起伏，一望无际的山影，才对贵州“山国”印象有了真切的体会。

人生的际遇有时很离奇，很难预料，有时又觉冥冥中使然，早有注定。2014年，经过一段艰苦的求学历程，我从湖南大学岳麓书院博士毕

① 作者简介：谢孝明，贵州省社会科学院历史研究所副研究员、博士。主要研究方向：中国思想文化史、中国经济思想史、书院与儒学传播、湖湘文化与湖南人才群体、黔学与贵州文化。

业，因缘巧合来到了位于贵阳南明河畔的贵州省社会科学院，成了贵州省社会科学院的一分子。已过不惑之年的我，为什么还会从熟悉的家乡湖南来到偏远陌生的贵州，由一名“老湘人”变成一名“新贵人”？没有人给我答案，就看作我与贵州的约定，与贵州省社会科学院的缘分吧。

二、受到湖湘先贤的精神感召

不过，我来到贵州省社会科学院能够很快就安下心来投入工作，有一个重要原因是受到了湖湘先贤的精神感召和使命的呼唤。

封建时代的贵州，由于地处西南边邑，交通不便，信息闭塞，经济文化相对落后，成为不被仕宦者待见之地。贵州先贤陈法曾写过一篇《黔论》，其中说“黔处天末，崇山复岭，鸟道羊肠，舟车不通，地狭民贫，无论仕宦者视为畏途，即生长于黔而仕宦于外者，习见中土之广大繁富，亦多不愿归乡里”。陈法的描述，不仅外省仕宦者有“畏黔”规避的思想，怕来贵州，本省仕宦于外者也有“去黔”思想，外出当官也不愿回贵州。但是，陈法的这种说法其实是有例外的，这个例外就是我们的湖南先贤。

据民国《贵州通志》粗略统计，仅明清两代，湖南入黔为官者就多达300多人，官职从云贵总督、贵州巡抚、贵州提学使（学政）、布政使、按察使、提督、总兵等省级大员，到道府州县地方官长不等。其中，明之邓廷瓒、蒋信、江盈科，清之严如熤、贺长龄、胡达源、何绍基、罗绕典、胡林翼、邹汉勋、劳崇光、黎培敬、田兴恕、刘岳昭、李元度、席宝田、易佩绅、汪炳璈、周达武、曾纪凤等多为明清史上的名臣名将，不仅在湖南声名显赫，在贵州也是有很高知名度的宦贤。这些为数众多的湖南宦贤对于贵州政治、经济、文化、教育的发展和社会进步做出过重要的贡献，在贵州历史上留下厚重的足迹。

何以湖南人入黔为官者会如此之多呢？究其原因，其一，在地理上，湖南与贵州毗邻而居，山水相连，道里相接，声气相通，联系密切，湖南人入黔出黔比之他省自然要便利得多。其二，贵州于明永乐十一年（1413）建省，黔东北、黔东所属思南、思州、镇远、铜仁、乌罗、石阡、黎平、新化八府皆从湖广划入，湘黔自古就有一种天然的亲缘关系，湘人仕黔，有一份质朴的亲熟感。其三，湖南人有一种非常强烈的经世致用、敢为人先的文化传统。贵州经济文化落后，入黔为官，改变贵州经济文化落后的局面，是他们追求的政治目标和社会责任。

甲秀楼是贵阳市的文化地理标志，始建于明朝万历年间，风雨沧桑，几经兴废，今天依然屹立于南明河畔。甲秀楼大门两旁书写着一副楹联："风尘莽荡此登楼，问两游郡县，休戚何如，忧乐莫忘平日志；身世苍茫一搔首，叹万里江山，古今多故，安危须仗出群才。"这副楹联具有深沉的忧患意识和家国情怀，非常鲜明地表现出心忧天下、经世致用的湖湘文化精神，是甲秀楼生命与灵魂所系。楹联作者易佩绅，字笏山，清湖南龙阳（今汉寿）人，宦黔20年，在黔官至贵州按察使。他关心民瘼，重视文教，敢于任事，廉而有为，多有惠政，是一位著名的湖南先贤。

我在岳麓书院求学的时候，湖湘文化和湖南人才群体是我研究的重要领域，其中也包括入黔仕宦的湘人事迹及其域外声光。读书入理，神交古人，我不能自比于先贤，但来到贵州，黔山贵水之间，湖湘先贤典型犹在，这对于我自己，无疑有一种巨大的情感支撑和精神鼓励。

三、明确工作目标和研究方向

来到贵州省社会科学院，分配到了历史研究所。所长麻勇斌研究员提出所里要"发掘历史智慧，促进创新发展"的工作要求。我根据自己历史学的学科背景和专业专长，很快就确定了自己的工作目标和研究方向。

工作目标是什么？重视历史是国人的传统，从孔夫子以来，中国人重史，也重读史，对史学有着一种诚意和敬意。而经世致用，是中国史学的基本精神。清人章学诚说过："史学所以经世，固非空言著述也。"习近平总书记指出："历史是人类最好的老师""重视历史、研究历史、借鉴历史，可以给人类带来很多了解昨天、把握今天、开创明天的智慧。"因此，我的工作目标当然是继承史学经世的传统，用自己的专业专长为贵州经济社会发展服务。

研究方向是什么？贵州有着悠久的历史和丰富的文化。建设文化强省，加强文化自信，提高文化软实力，推动贵州经济社会发展和文化繁荣是新时代贵州各族人民的神圣使命。利用自己所长，增益自己所能，紧扣时代脉搏，结合丰富的社会实践，为推动贵州经济社会发展和文化繁荣添砖加瓦，即是我自己研究的方向。

四、南明河畔，七载耕耘创获

春秋代序，四季轮回，南明河水涨水落，静静流逝，日夜不息，不知不觉我来贵州省社会科学院将近八个年头。八年光阴仿佛一瞬间，八年的生活记忆又历历在目，刻入我人生的记忆。南明河畔的辛勤耕耘，有创获有欣慰，也有不足有忧患。是的，八年了，应该对自己的学习和工作有一个简短的回顾和总结，为今后的工作总结经验，吸取教训，扬长避短，查漏补缺，做好铺垫。

八年来，我的学习和工作主要围绕学术研究与学术交流展开，一方面是发挥自己的本行，做基础研究；一方面是呼应贵州经济社会文化发展的需求，拓展自己的研究领域做应用研究。力图将基础研究与应用研究结合起来，实现融和创新则是我这几年学术研究所要追求的目标，也是我学术研究的主要特色。其成果形式主要有学术论文、各类课题和学术讲座三类。

（一）基础研究

一是湘学与湖湘文化研究。这方面的研究论文有《左宗棠理学本源的植入路径与固本之方》。二是黔学与贵州文化研究。这方面的研究论文有《黔学研究小议》《清代“改土归流”：土司制度与伯克制度的比较》《明初水西土官宣慰使霭翠归附明朝时间考辨》《吸吮与反哺：尹珍在文化传播中的双重使命与作用》《贵山、五华书院山长艾茂生平三事传述考辨》《邓廷瓒与云贵分闱、贵州独立开科肇端考述》《阳宝山“僧纲司”和尚塔墓石刻政治与宗教意蕴的历史追溯及其对阳宝山佛教文化重建的意义》。三是贵州乡贤研究。这方面的研究论文有《夏同龢的状元渊源述略》《任可澄研究综述》《李明心：老骥伏枥 百年传奇》。四是家教文化研究。这方面的研究论文主要有《“天下清官”喻茂坚的官德家风与时代价值》。五是廉洁文化研究。这方面的研究论文主要有《左宗棠吏治思想的现代启示》。

（二）主持课题

承担的课题如下：普定县委托项目“任可澄研究”（2015年）；省领导圈示课题《阳明文化与贵州精神高地建设研究》（2016年）；省领导圈示课题《贵州本土文化资源与贵州精神高地建设研究》（2017年）；省领导圈示课题《加强院地合作以FAST促进贵州天文经济发展研究》（2019年）；贵州省哲学社会科学规划课题《贵州依托 FAST 打造世界天文高地对策研究》（2020年）；湖南大学岳麓书院《千年学府文库》古籍整理出版项目一种——《蕉云山馆诗文集》（2021年）。

（三）学术交流

八年来我参加的学术交流主要有：2014年，遵义·播州土司历史文化研讨会、第三届湖湘文化与巴蜀文化论坛。2015年，纪念朱陆鹅湖之会840周年学术研讨会，提交论文《左宗棠理学本源的植入路径与固本之方》。2016年，岳麓书院创建1040年院庆暨书院教育的传承与发展学术研讨会，提交论文《邓廷瓒与云贵分闱、贵州独立开科肇端考述》。2017年，第四届中国书院学会年会暨第七届书院传统与未来发展论坛，提交论文《贵山、五华书院山长艾茂生平三事传述歧异考辨》。2018年，中国书院学会第五届年会暨尼山圣源书院成立十周年大会，提交论文《陈钟祥与南轩学术思想之传播》等。

这些年参与的学术交流活动，不仅给我带来了大量的学术信息，了解了学术研究动态，开阔了视野，也使我获得思维启迪，产生新思想、新观点、新精神，可谓受益匪浅。

（四）讲学活动

传播知识文化，以自己所学为社会服务是每一个学人应当承担的学术责任和应尽的社会义务。讲学是文化传播和学术交流的一种重要方式。这几年，我在自己的工作岗位上，走出院门，参加讲学活动。2016年4月15日，应湖南大学岳麓书院之邀，做了湘黔文化交流史第二案《吸收与反哺：尹珍在文化传播中的双重使命与作用》的学术专题讲座，介绍了湘学与黔学，湖湘文化与贵州文化深远的渊源与亲缘关系，以及可以共同发掘利用的学术资源和共同研究的学术领域、学术话题与文化精神。2016年5月6日，应邀赴贵阳一中讲述一中校史，根据自己的研究，将贵阳一中的创建历史从1906年上推到清嘉庆五年（1800）贵州巡抚常明创建正本、正习两书院之年，使贵阳一中的校史往前推进了106年之久。从2016年至2018年，以《湖湘文化的深远影响》为主题，先后于2016年4月24日应邀赴湖南省人力资源管理学会国学践行俱乐部稻禾香国学践行馆做国学公益讲座；2016年9月18日至19日应怀化学院之邀，为该院文学院和外国语学院2016级新生做人文素养教育讲座；2018年9月21日应湘南学院之邀，为该院法学院新生做人文素养教育讲座。同年，还应邀赴长沙同济培训学校做学术讲座，讲座贯穿了湖湘文化的忧患意识、义利之辨、实事求是、经世致用的文化传统和爱国主义精神，引起师生的强烈共鸣和普遍认同。

除讲学之外，我还积极参与报纸杂志与电视媒体的文化宣传活动。如2015年6月接受《清风》第6期“‘象牙塔’里的精神守望者”栏目专访。2016年10月与同事赵青、徐适两位同事赴贵州电视台录制《护国运动与贵州》《贵州状元文化故事》专题节目，宣传贵州的历史文化和贵州先贤的历史功绩。

（五）其他工作

除以上工作之外，几年来，我还参与过院所交办的工作和其他一些工作，如2015年参与完成院领导交办课题“贵州省社会科学院落实陈敏尔书记关于开展阳明学研究指示实施方案”的制定，草拟了《“黔中王门研究院”成立方案》；2016年参加“生态文明贵阳国际论坛2016年年会”，并作为论坛评审员应邀撰写《“生态文明贵阳国际论坛2016年年会”评审报告》，其中提出贵州设立生态文明节日的建议被采纳。

五、多彩贵州，未来更可期

南明河畔的辛勤耕耘有收获、有成果，也有欠缺和不足，成绩当发扬，不足要弥补。南明河畔春秋几度，经历了人生的酸甜苦辣和悲欢离合：自己霜染华发，已然步入中年；慈母走完了最后的一程，永远离开了我；孩子长大了，对祖国的历史文化充满喜欢和热爱，现在去读历史学的研究生了，子承父业，学术事业后继有人，足堪欣慰。

南明河畔春秋几度，我们的国家发生了巨大变化，取得了伟大成就；贵州也走过令人骄傲自豪的“黄金十年”；贵州省社会科学院有了长足的进步，为贵州经济文化的繁荣发展和社会进步贡献了智慧和力量，科研和其他各项事业取得了丰硕的成果。

个人的命运与时代、国家、集体的命运是紧密相连、息息相关的。回望岁月，八年的时光可堪自慰，自己一直在学习思考，没有懈怠懒惰；八年的时光可堪自勉，自己的耕耘颇有创获；八年的时光可堪忧患，自己还存在诸多的欠缺与不足；八年的时光可堪慰藉，自己的积累和开拓，为今后的工作和生活夯实了基础，使自己有了更多的自信和底气。

贵州是一方热土，也是一方沃土，值得好好耕耘。周总理曾经说过：“贵州山川秀丽，气候宜人，资源丰富，人民勤劳，只要贵州各族人民在中国共产党的领导下，加强团结，努力工作，那么，贵州的社会主义建设必将后来居上，大有希望。”当今时代，正逢“百年未有之大变局”，中国特色社会主义进入了新时代，多彩贵州，未来更可期。对于我自己未来的学术生涯的期盼和展望，我以伟人毛泽东“一万年太久只争朝夕”的教导自勉，以湖湘先贤曾国藩“莫问收获，但问耕耘”自励，紧跟时代的潮流，伴随多彩贵州从“黄金十年”走向“钻石十年”的发展进程，努力开创自己学术与人生的新境界。

在“评审科研”与“互动科研”之路上成长

龙希成[①]

2014年2月24日，十八届中央政治局就培育和弘扬社会主义核心价值观、弘扬中华传统美德进行第十三次集体学习。习近平总书记在主持学习时强调，培育和弘扬社会主义核心价值观必须立足中华优秀传统文化；牢固的核心价值观，都有其固有的根本；博大精深的中华优秀传统文化是我们在世界文化激荡中站稳脚跟的根基。

中华文化推崇“为己之学”。孔子说“古之学者为己，今之学者为人”。对此，朱熹体悟“顾独唯念自省事来，闻师友之训，读圣人之书，观其教人，不过讲学修身，以全其所受于天者。出为世用，则随其大小，推吾之所有以及人。至于用与不用，合与不合，则直任之。盖未尝必于人，亦未尝变于己，以此自信，誓将终身由之，而不自知其力之果足以有至焉否也”。那是说，学者主要做两件事：讲学修身、推己及人。学者“为己”，把自身学问修足到家，“止于至善”，像探照灯一样，充足自身之电源能量，以此温暖和照亮别人，服务社会。“至于用与不用，合与不合”，那是学者所不能“必”的。

国家建立事业单位岗位管理制度。作为科研院所的科研人员，我们要

---

① 作者简介：龙希成，贵州省社会科学院对外经济研究所副研究员、博士。主要研究方向：罗素思想研究、公共文化、青少年学习与成长。

履行聘用合同规定的“科研任务”岗位职责；单位据此全面考核我们的表现，重点考核科研绩效；考核有平时考核、年度考核、聘期考核。而“科研任务”履职质量如何，须由经“评审”程序所得的结果来确定。

一方面，中华文化源远流长，是涵养我们成长发展的丰厚精神资源；另一方面，我们须接受单位的履职约束和绩效考核。而考核的基础之一是予名（精神奖励）予利（物质奖励），对此，中华文化自有一番见地。

中华文化的为学理念，与单位科研的绩效考核，这两方面如何结合呢?

孔子是中国文化之圣，颜回居孔门弟子之首。作为一个中国人，一位科研人，我很想自己能从颜回身上学到哪怕是一点点。孔子说：“贤哉，回也！一箪食，一瓢饮，在陋巷，人不堪其忧，回也不改其乐。贤哉，回也!”中华文化称此为“颜回之乐”。颜回乐在何处？乐在求仁、求道。孔子说“里仁为美”“富与贵，是人之所欲也，不以其道得之，不处也。贫与贱，是人之所恶也，不以其道去之，不去也。……君子无终食之间违仁，造次必于是，颠沛必于是”“朝闻道，夕死可矣”“士志于道，而耻恶衣恶食者，未足与议也”“士而怀居，不足以为士矣”。实际上，孔子自己教学亦要求有物质回报，称“自行束脩以上，吾未尝无诲焉”，他承认“富与贵”是人之所欲，也承认“贫而无怨，难”；但孔子称赞颜回追求仁、道的爱好和欢乐。

颜回并非只满足于简陋的饮食和居住条件而自得其乐，他有每日的行动和忙碌。孔子称赞颜回，“吾见其进也，未见其止也”。人要持续努力，不断进步、上进、进取，此种精神状态很重要；我研究教育，对学生、对我自己也都这样要求。对此自强不息、持续奋进精神，曾子看重，说：“士不可以不弘毅，任重而道远。仁以为己任，不亦重乎？死而后已，不亦远乎?”孔子亦看重，说：“譬如为山，未成一篑，止，吾止也。譬如平地，虽覆一篑，进，吾往也。”

问题是，这样不断地“进”，要得到什么结果或目标呢？结果之一当然是孔子称赞颜回的话“有颜回者好学，不迁怒，不贰过”，这是颜回学习、修身的结果。结果之二是子贡回应孔子的话“回也，闻一以知十”，那是颜回经学习而智力得到磨砺的结果。结果之三是颜回喟叹孔子学问之高深“仰之弥高，钻之弥坚”、赞赏孔子教育方法“循循然善诱人，博我以文，约我以礼，欲罢不能。既竭吾才，如有所立卓尔”，而孔子也称赞颜回“语之而不惰者，其回也与”！但在这方面颜回应该是有点“过犹不及”了，他竟走到对孔子话语、学说都“无所不悦”的地步，或许也因此被孔子婉言批评说“回也，非助我者也”。

然而，颜回所说“如有所立卓尔”的“立”，应是人“好学”“进”取目标之一，有如我们现今说著书“立”说。科研人每日行动和忙碌，其结果总要有所“立”。孔子说“苗而不秀者有矣夫！秀而不实者有矣夫!”那是提示我们做科研不仅要有“想法”，还要有行动和“结果”，不仅要有结果还要有“成果”或“拳头产品”。而且孔子注重所学之“用”，称“诵诗三百，授之以政，不达；使于四方，不能专对；虽多，亦奚以为?”孔子所重当然属个人之“用”，但它也与《关于加强中国特色新型智库建设的意见》要求所提政策建议要“切实管用”有相通之处。

孔子亦注意到学者“名气”这回事，说“后生可畏，焉知来者之不如今也？四十、五十而无闻焉，斯亦不足畏也已”。但相对于“闻”，孔子更重“达”，称“是闻也，非达也。夫达也者，质直而好义，察言而观色，虑以下人；在邦必达，在家必达。夫闻也者，色取仁而行违，居之不疑；在邦必闻，在家必闻”。那是说，我们做学问不能只重“名气”（闻），更要重“实学”（达）。

高山与高山相望。习近平总书记2019年3月4日在参加全国政协十三届二次会议文化艺术界、社会科学界委员联组会时的讲话，对文化文艺、哲学社会科学工作者提出要坚持“与时代同步伐”“以人民为中心”“以精品奉献人民”“用明德引领风尚”四个希望，强调“一切有价值、有意义的文艺创作和学术研究，都应该反映现实、观照现实，都应该有利于解决现实问题、回答现实课题”。

习近平总书记指出“闻”与“达”的区别。他说“没有优秀作品，其他事情搞得再热闹、再花哨，那也只是表面文章、过眼烟云”，而“大师、大家，不是说有大派头，而是说要有大作品”，人们提到大师，大家就会想到他们的优秀作品、大作品、精品、千古名篇，而这些必须基于实学。为此，习近平总书记告诫“如果不把心思和精力放在创作精品上，只想着走捷径、搞速成，是成不了大师、成不了大家的”。

习近平总书记的指示，孔圣人对为学者的见识，都要求我们科研人员“观照现实”、有所“立”、创作“精品”。举目所见，评审程序已成科研工作之核心环节：课题经“评审”而立项、经“评审”而结项，论文、著作经“评审”而发表、出版，作品经“评审”而定获奖等次。确实，评审程序对申报课题基金资助者（何止资助！课题申报立项已成其“是否属科研”的定音锤），对申言“成果”“优秀作品”“精品”者，是必要的核验举措，它基于“同行评审制度”，而来自同行专家的评审意见，也会对作者改进思路和想法甚至改正某些错误有所裨益。

为什么是“同行”评审？回答是，科研乃专业性很强的研究活动，须由该领域（资深）同行专家给予评审意见（如属自然科学则其实验数据和研究结果须要能被他人重复），方为可靠。遥想1905年“爱因斯坦奇迹年”，26岁小伙爱因斯坦不过是瑞士专利局一名普通职员，他业余研究、投稿的那5篇改变整个物理学版图的论文也得乖乖接受《物理学杂志》（Annalen der Physik）编辑同行专家的评审方可发表出来！

我们尊重这种“评审科研”的理由及其主流地位，不去纠结同行专家在评审过程中可能存在的偏见与局限。但也请允许我提及立于此“评审科研”之外的另一种科研，我或可称之为“互动科研”。作者把心思和精力花在科研上，行走在基层等经济社会“末端”，小心求真务实，保持跟研究对象持续互动，在互动中不断服务、改进和积累，这种小微、诚信“互动科研”，也应有其价值。

不错，如何把这种小微“互动科研”进一步打磨成学界同行评审认可的“成果”“精品”“拳头产品”，确属作者责任所在；否则多被视为孔子所说“苗而不秀者”“秀而不实者”，令人叹惋！但是，我如果没有看错，这种“互动科研”正是孔子所说的为己之学，正是朱熹所说的“讲学修身”和“推吾之所有以及人”，也正是“大学之道，在明明德，在亲民，在止于至善”：他要在跟研究对象互动中不断上进，不断改进自己，他要“全”自己所受于天者、光明自身本有之明德，他要通过持续服务和互动以精益求精，以更好地温暖和照亮别人，服务社会。但他只顾自己精“研”而已，不去多顾及乃至“瞄准”同行专家评审，虽然他很愿意听取和认真学习包括服务对象和同行专家在内的各方意见建议。

2020年系贵州省社会科学院建院60周年。余生也晚，自2013年7月入职以来，尚未申报过省级课题，仅一次申报过国家级课题、一次向期刊投稿、一次获省委常委批示，三“一次”者，皆一时灵感、兴致之作也，两中而一败；幸得院领导、所领导和同事们诸多指导、包容和帮助，科研之路走得蹒跚曲折，但“吾将上下而求索”的科研精神、科研思考和写作，从未懈怠。

英文interest约有两义：一为兴趣，满足好奇心、自己想要知晓的兴趣，重在“求知”；一为利益，自己想要得到的好处、财产、现实利益，重在“谋利”。每个人在这两个维度上所求各有侧重。当人不能激发和满足兴趣时，往往转而谋求利益。2020年11月系单位“年度科研考核-科研成果统计”季，制度上认“评审科研”，不认“互动科研”。但“互动科研”者亦有其小欢欣也。一次我到黔东南苗族侗族自治州某县调研公共文化，接待者对我说“跟你一番交谈，我所得的启发，远多于我为你提供的材料”。另一次我到学校跟老师互动，他们请教我应怎样理解家长跟学生的关系，我提示几条，他们竟如获至宝，齐声说：“你很必要应该给家长们讲一次，比你给学生作讲座重要！”

不止此也。在“科研考核-成果统计”上，桌面是为“评审科研”者准备的，他们成果多多，而“互动科研”者，由于自己的思考和写作无法摆上桌面，只能低头无颜。但如果仔细观察，你会发现那些“生于”评审的科研，往往也“止于”评审；其中不少人，经过劳累，“通过”评审，垒高职称，就开始琢磨何时退休不干了，剩下的就是拿高工资戴墨镜去旅游了，不复“为稻粱谋”也。“互动科研”者，因其科研之根须深植在跟研究对象的互动和自身内容的层累与改进之中，欢欣总在，并不随评审而止；其对科研的热爱、思考和写作很可能延续到学术生命的最后一刻，直至人的身体生命被时间之巨口吞噬净尽！

谨以此文，致贵州省社会科学院建院60周年以最美好的祝愿！

第五篇 > > > >

青年说：守正创新
筑梦未来

传承·感恩

高　刚[①]

祝贺贵州省社会科学院成立60周年！参加建院60周年座谈会，我感到很荣幸，借此机会，我表达两层意思：一是传承，二是感恩。

我是非常幸运的人，一路成长，总遇良师。我是史昭乐研究员引进贵州省社会科学院的，进院初期，我写的文章，史老师批改的字数比我自己写的字数还多。进院第二年，我的科研成果就获得了国家发改委一等奖，当时分管社会研究所的朱院长还在院里大会上为我颁发奖金，激励了我踏实做科研的信心。

记得和史昭乐老师一起做国家课题，当时为了赶进度，我们在遵义封闭写稿，我在前面写，史老师在后面修改，遇到问题深入讨论、深入交流。现在想想，那真是金子一般的时光。类似的情景还有很多，这种手把手的教导使我受益匪浅、获益终身。

也记得王兴骥所长带着我到全国各地开会，并为我创造在各类会议上发言的机会，开阔了我的视野，也锤炼了我的能力，更提升了我会议发言的胆量。另外，王所长还带着我在贵州大地调研，我对贵州的了解主要是在王所长的带领下实现的。还有诸多师友的指导和帮助，由于时间关系，

---

① 作者简介：高刚，贵州省社会科学院文化研究所所长、研究员。主要研究方向：农村发展、社会治理。

就不一一回忆了。总之，正是有了贵州省社会科学院这种师徒之间、老少之间的传承，才使贵州省社会科学院青年科研人员能够不断成长，贵州省社会科学院的事业蒸蒸日上。

再说感恩。在微信上流传着一篇文章《请善待你的单位》，里面有一句话是这样说的，“如果你是小草，单位就是你的地；如果你是小鸟，单位就是你的天；如果你是一条鱼，单位就是你的海；如果你是一只狼，单位就是你驭马驰骋的战场。”

工作以来，我在贵州省社会科学院这个科研大舞台上，取得了一定的成绩，积极发挥述学立论、咨政建言的作用。我参与国家“十一五”“十二五”规划建言献策活动，分别获得一等奖、二等奖。独立或执笔完成的7篇研究报告获得省委省政府主要领导肯定性批示，部分建议被转化为相关政策文件。我出版专著3部，《改造小农经济》《社会治理的有形之手》《脱贫的逻辑》；主编著作8部，主要有《从脱贫解困迈向乡村振兴》（主编）《贵州社会发展报告（系列）》（副主编）。公开发表论文多篇，其中3篇被人大复印资料全文转载。研究成果获得省哲学社会科学优秀成果一等奖3次、三等奖1次；另有2项成果分别获得民政部政策理论研究一等奖和二等奖。2017年入选贵州“脱贫攻坚群英谱”。

这些工作成绩，实在算不上什么。但如果没有贵州省社会科学院这个平台，我想自己更是什么也不是。因此，我要感恩贵州省社会科学院。

总之，贵州省社会科学院是我事业展开的舞台，是我人生之所以可能出彩的基础，更是我的衣食父母。祝我的衣食父母生日快乐，越来越好。

那一年

李华红[①]

2020年是贵州省社会科学院60周年华诞。为了纪念这个“高光时刻”，单位拟编写《我与贵州省社会科学院》一书，我有幸被邀投稿，记录自己的“故事”。坦率地说，刚接到这个任务时，我多少有些诚惶诚恐，因为作为一个普通的“社科人”，我并没有什么“高光时刻”。但转念一想，平时的点点滴滴也许就是最真实的“故事”，以文字的形式将我在贵州省社会科学院经历的二三事记录下来，不仅是一种纪念，也是借此机会对自己这些年的成长作一个梳理吧。

那一年：2007年

在刚进入贵州省社会科学院工作的2007年，我真不知道社会科学院是“干什么”的，只知道是一家“科研单位”，但对于“研什么”“如何研”等类问题，可能和大多数新进同事一样都是“懵懵懂懂”的。好长一段时间下来，我连一点科研人的感觉都未找到，禁不住开始自我怀疑起来——寻梦路上我是不是“进错门”了？从而陷入一种焦虑不安、自我

① 作者简介：李华红，贵州省社会科学院农村发展研究所所长、研究员。主要研究方向：城镇化与城乡统筹、发展经济、旅游经济、人口经济。

否定，甚至是“否定一切”的状态。特别是看到一些同龄学者取得一个又一个的骄人成绩时，我就越发觉得自己的“渺小”和“无知”，内心深处的那种自卑感、不适感、否定感就越发强烈，似乎有一种“梦又不成灯又烬”的感觉，甚至还一度将自己的这种“不在状态”归咎为“他者原因”。

记得有一天下午，我和我学术上的引路人、我的恩师兼领导聊天时，无意间向其谈起了自己的母校，并发了一些牢骚。总之，就是数落母校这也不好、那也不好，如“硬件设施差，软环境不好”之类吧。然而，老师听后当场就批评我说：“你怎么能数落自己的母校呢？你应该感恩母校的培养才对啊。否则，你今天也就不会坐在这里了。”顿时，我羞愧、脸红得一塌糊涂，恨不得找一个地洞钻进去。当天，我都不知道是怎么回到家的。一连好几天，老师当时的一番话都在我耳边回响。直到今天，它都还在激励我前进，那就是做人做事一定要懂得“感恩”“包容”，要学会适应“场域”，不如意、不顺心处一定要多从自身找原因，要学会自我检视、检视自我。否则，我们自己是很难走远的，即使以后个人的成就再大，也可能是一个很无趣、很不合时宜的人。

那一年：2015年

2015年，我被单位选派到兴义市敬南镇巴布村驻村扶贫，并担任巴布村“第一书记”。刚到巴布村时，一切对我来说都是“新”的——新环境、新工作、新“人”“事”，但最令我紧张的就是怕碰到“新问题”。然而，在基层工作，遇到新情况、新问题也是在所难免的。这不，经过我们驻村工作队的调研和走访后，我发现我们巴布村有大量的留守儿童需要关爱，他们小小年纪，所经历的或是父母已去世，或是父母离家多年未能与之见面、说说心里话，或是自家住房毁塌而平时只能借住在伯伯、叔叔家等。可以说，这些孩子承受了本该不是他们这个年龄所承受之重，这也使得他们的心理变得非常复杂——或理解、或强大、或焦虑、或彷徨，抑或颓废、消极、冷漠，等等。如四年级的留守儿童丁某林小朋友在日记中写道：“在这寒风刺骨的冬天，也许大多数人都不太喜好这个季节；可是这个季节，我们每天都在门前的阶梯上看着那条通向家门口的路。每天这条路上陆陆续续径（经）过的人很多，却唯独没有你们（爸妈）的影子……每当学校召开家长会的时候，我站（在）校门（口），许多人也站在校门口迎接自己的父母，那一刻我多么希望来给我开家长会的是你们，然而每次都会是失望……”又如，三年级的吴某小朋友也写道：“爸爸，我知道您得了癌症……要是您能活过来，我一定会很高兴；如果您没有过世，只要您还（在）生活得好，能看见就行了……中秋节快到了，要是还可以团圆就好了！今年的不行，以后的呢?”再如，二年级的代某小朋友写道：“我一共有二（两）个愿望：第一个愿望是想要一块滑板，因为我喜欢玩滑板，（平时玩的）是模行（型）滑板，真实的滑板我都没有玩过，真滑板我只是在手机和电视中看过。第二个愿望是让爸爸回来倍（陪）我过节，因为我的父亲以（已）经有几年没见了，我都忘了他长什么样了。爸爸快回来吧，我很想他（你）呀。”当初，当我看到这些歪歪扭扭、不太工整，甚至还有些错别字的文字时，我的心被深深地刺痛了，且每多看一遍这些文字，我的“痛彻”就更深一些——“贫困山区的留守儿童真的不容易，他们内心的‘苦’‘痛’超出我的想象，此时此刻心灵的关爱也许比单纯的知识教育更重要。”因此，我暗自下决心，要尽自己的最大所能帮助他们。

后来，我通过网络渠道发起了相关的公益行动，使得23个留守儿童得到了相关爱心人士“一对一”、为期三年的结对帮扶。另外，还募集到了1.5万元的爱心捐款，主要用于为40个留守儿童购买文具、书籍、书包等学习大礼包。在2015年年底的捐赠仪式上，一个学生写下了这样的内心感言：“在这（大礼包）里面的东西我都喜欢，但我最喜欢的是保暖衣和保暖裤，当我穿上它时，仿佛感（受）到了爱心人（士）的温暖，让我感到一种幸福的力量陪在我的身边…… 长大以后，(我）也要像你们一样去帮助下一代（别）的贫困家庭，让他们也能过好日子。”特别是捐赠仪式结束后，巴布村支书刘应国走到我身旁对我说：“李书记，你们马上要收队了吧？你看，这些孩子高兴极了，这也是他们收到的最有意义的帮扶‘礼物’了。以前，他们也收到过一些礼物，但没有像这次是真的在帮助他们。”短短几句话，让我内心极不平静，感触良多，当时我的眼睛一下子就湿润了。我想，当时刘支书的话至少包含了这样三层意思：一是我马上要离任巴布村第一书记了，他们多少有点不舍。二是孩子们得到的帮扶是情真意切的、有温度的“真扶”，而不是作秀式的、仅具有象征意义的“做样子”，所以孩子们“笑”了。三是他们在内心上应认可我这一年的驻村工作成绩，至少认为我为巴布村的发展还是做了点实事。同时，他们内心也多少有点自责，因为在前期的村情摸底和工作调研中，他们曾对我说过“你这个人怎么这么麻烦”之类的牢骚话。现在看来，我虽然“麻烦些”，但我还是做了点力所能及的事。我想，这几层意思就是我心无杂念地坚持做事、做好一件事的收获吧。

那一年：2020年

在即将过去的2020年，我们课题组前往正安县调研，在途中的服务区休息时，我看到了八个字——“君子不器”“成人达己”。应该说，这两个词语在别的场合也见到过，但在疫情肆虐的2020年再次见到时，我当时精神为之一振，旅途中的疲惫感顿消，一下子陷入一种沉思中。“君子不器”出自《论语·为政》，是说君子不能像器具那样，作用仅仅限于某一方面。通俗地讲，是指君子要多才多艺、德才兼备。“成人达己”，是说只有成就和帮助他人，只有为他人提供满意的服务、为社会创造财富，才能最终发展和完善自己。我在想，这八个字不也是我们“社科人”应秉持和苦苦追求的一种境界吗？这一次的调研，我收获最大的恐怕就是这两个词了，因为它告诉了我们“如何科研”以及“如何做一个科研人”的真谛——要善于在社会奉献、价值创造中寻找快乐、成长自己、成全他人。尤其是在2020年这个特殊年份，作为“社科人”，我们更应有一份情怀、有一种强烈的社会责任感，在自己的本职岗位上履好职、尽好责，以“共克艰难”。

“岁月不居，时节如流”，不知不觉地我在贵州省社会科学院已工作了13年。如果说2007年，是我从事科研工作的“元年”的话，那么这一年我收获最大的就是“适应”“感恩”“包容”。2015年，是我人生最值得记忆、最难忘、生活感受也是最真切的一年，我将它称为我的“下乡”年，这一年让我懂得了“爱”与“被爱”——用心用情地做一件实事不仅是爱他人，也是自己被爱的过程。2020年，是我匆匆的脚步停下来静静地思考和反思的一年，“作为一个社科人，下一步我将何去何从呢”？出差的经历让我顿悟到了一个“理”——成人达己。在具体的工作中，一方面就是要发挥“大手拉小手”的作用，努力让自己和“社科新人”一起快乐成长，另一方面就是要围绕中国的火热实践研究点“问题”、发现点“规律”，并力争产生点“温度”以谢社会！

丹桂飘香·华彩篇章

蒋莉莉[①]

喜庆贵州社科院六十华诞
走过坎坷
最珍惜跃马平川
经历寒冬
最知道太阳温暖
在我的眼睛和脚步间
你走过了六十年
最难忘
岁月峥嵘的那一年
你迈着铿锵的脚步
一路高歌跨越时艰
凝聚六十年的厚重情怀
走向阳光下的春天
改革开放写华章
笔走万马战犹酣

① 作者简介：蒋莉莉，贵州省社会科学院工业经济研究所所长、研究员。主要研究方向：区域经济、工业经济。

贵州社科院
一个光荣的名字
黔筑高原的测绘手
挥毫书写贵州新时代的画卷
贵州社科院
黔筑高原的靓丽名片
吹响圆梦贵州的号角
拥抱生机勃发的空间
用智慧大脑成就风流人物
通达胜利的彼岸
贵州社科院
你为苗岭绽放银台金盏
任奋进之歌不断唱响
书写光荣永远是你的誓言

大鹏一日同风起
扶摇直上九重天
在我的眼睛和你的脚步之间
我看到一个全新的贵州
全部脱贫摘帽 66个贫困县

那里有你的一缕阳光
有我们社科人的奉献
贵州社科院
一个全新的智库高端

为贵州千万人民的幸福
践行大扶贫、大数据、大生态、大发展
在希望的田野上
把富民兴黔的蓝图实现

贵州社科院
路漫漫其修远
用生命之舟冲上时代潮头
到金秋丹桂飘香谱新篇
我们不负韶华
我们走过了一个辉煌的庚子年
直挂云帆济沧海
风雨兼程勇向前
站在十三五收官
十四五将启的今天
我们用激情和热血
照亮对未来憧憬的登攀

干字当头　锐意进取

吕　军[①]

庚子端阳扶丹桂，盛世玉笔谱华章。为纪念建院60周年，刚才，院班子种下了一棵丹桂，现在我们大家怀着非常喜悦和激动的心情在这里欢聚一堂，在这里简约而又隆重的集会，庆祝我院60华诞。作为管理片区的代表，请允许我向60年来为贵州省社会科学院建设和发展，辛勤耕耘、无私奉献的历任领导、离退休老同志和全院同仁，致以最崇高的敬意！祝贵州省社会科学院永葆活力，再创辉煌！

刚才听了我们院优秀的院友代表、几位领导和专家的发言，我有点怯场了，近乡情怯，因为找不出更美丽、更合适的语言，也找不出更动情的话语来表达对这片沃土的情感。当然也没有相关专家那么高瞻远瞩，给院里提出了宝贵的发展对策。但是我们拥有一个共同的东西，就是一样的初心，一样炽热的情感。

回首沧桑一甲子，春华秋实六十年。我们欣喜地看到，在党的领导下，按照省委省政府的部署，贵州省社会科学院在院领导班子的带领下，为繁荣发展贵州哲学社会科学做出了不可磨灭的贡献，为贵州经济社会发展贡献了不可替代的智慧和力量。我院曾走过了不平凡的历程，那是一个由小到大、由弱变强的成长历程。我们有最杰出的院友情牵贵州省社会科

① 作者简介：吕军，博士研究生，时任贵州省社会科学院人事处处长，现任贵州省晴隆县委常委、常务副县长。

学院的蓬勃发展；我们有最坚强的领导班子，带领我们自强不息、砥砺前行；我们有最优秀的同仁，矢志在社科田野上耕耘不止。我们今天的幸福，来自老一辈社科人无悔的付出，来自各级领导和各界朋友的关心、支持和帮助。我们新一代社科人有责任、有义务继承老一辈艰苦拼搏的传统和同心同德的精神。

弹指间，我在院里工作了18年，由一个少不更事的小伙子变成了院里的青年骨干，人生没有几个18年，对这片给予我们成长成才的沃土，我心甘情愿再工作20年。刚才，看了我院6分钟的宣传片，回顾了我院60年的辉煌历程，感到无比的自豪；当然，我也非常清楚，我们这些辉煌背后所付出的辛勤和汗水，由衷地敬佩取得成就的专家和同事。同时，我们有幸参与院里的建设，接下来还要继续投入后续的社科事业当中，自己也感觉到沉甸甸的责任和使命。

刚才相关领导和专家回忆了我院怎么建立、怎么调研、怎么写作，一点一滴大家都感同身受。我们管理部门的同志，没有像各位专家那样，能拿出一部部的大部头、沉甸甸的奖项。我们做的是一些具体而又烦琐的工作。我们也曾为了写好一份文稿而辗转反侧，为上报一箩筐数据彻夜未眠。通过实施“三大”战略，近年来，院内环境、人才队伍、科研成果都发生了很大的变化。

比如在平台建设上，我院因为没有教学任务，因此没有硕士、博士授予点，为了给全省培育更多优秀人才、整合资源，院主要领导亲自带队，省内协调，北京“跑部前进”，最终我们省首个文科综合博士后科研工作站得以落地。落地以后，我们积极与中国社会科学院、北京大学、西南政法大学等科研院所和高校签订合作协议，联合培养博士后，现在站人数三四十人。站内有博士后仅仅是题中之意，厉害的是，我站博士后中，一半以上拿到了全国博士后科学基金课题。

院内办公条件也发生了很大变化，记得我来院工作时，我一位同学和我一起到院里，看到办公桌都是破破烂烂的，书籍杂乱堆积，他还善意地挖苦我说“兄弟，你这是把自己卖到了一个啥单位啊”。经过这么多年的发展，我们办公环境得到极大改善，单位还被评为“文明单位”，这是我当初来的时候不敢想的。

对于人才队伍建设，刚才有些领导、专家也说了一些大概数字，我就不再重复了。确实我们的高层次人才总量，具有博士学位或在读博士研究生人数，副高级职称以上人员，都是从一人到几十人，从十几人到上百人。现在院内同志对于提升学历和职称的积极性仍然很高，走上了一个良性发展的道路。

在职称评审上，全省经济系列职称评审交由我院组织实施，我们开展了两年的评审，无一人投诉，评审结果有公信力，评审过程公平有序，受到了好评。下一步，我院有望获全省社科系列评审授权。在对外开放上，我院实行开门办院，我们曾经是要想方设法送同志们到外面去挂职学习锻炼，现在是很多单位找上门来，要求到我院挂职学习。

我们在这里庆祝和纪念建院60周年，抚今追昔，意在登高望远；知往鉴今，志在扬帆再发。前60年已过，今后会怎么样？担子其实已经在不断转移中，我们怎么向前辈和后人交代。在座的包括我在内的年轻同志、年轻干部，只有一个字就是“干”。在前辈们打好基石的基础上，沿着正确的路子继续干下去。在这里表个态，我们会以极富创新的激情和饱满的精神状态投入国家的社会科学事业中去，我们将秉承前辈们求实创新、锐意进取的优良传统，不断激励自己保持无尽探索的科学精神和永不止息的人格追求。

贵州省社会科学院60年风雨兼程、成就辉煌，在新的征程上，贵州省社会科学院使命光荣、前景广阔。让我们大家共同努力，携手共建贵州省社会科学院更加灿烂的明天！

《甲秀智库专报》是怎么办起来的

许　峰[①]

2015年9月，我被调到党政办公室工作，主要负责文秘这一大块的工作，其中，信息报送也是当中的一项工作。一段时间后，我发现，省委省政府更加需要的是“短平快”的高质量信息。而我们原有的报送成果的渠道省领导指示圈示课题、《社科内参》，提供的都是厚重的科研成果，虽然也都是精品力作，但因其研究周期长、成果字数多，不能产生“立竿见影”的效果。于是，我就设想，能不能在上述报送渠道之外，再办一个内刊，把省领导最急需的信息以短小精悍的文字快速报送上去？

2017年上半年，我把我的初步想法向时任党委书记金安江、院长吴大华做了汇报，想不到得到两位主要领导的一致赞同和支持。领导的鼓励给了我信心和勇气。说干就干，我马上着手张罗起来。首先，要确定的就是，这个内参叫什么名字？我想，一是应该突出贵州省社会科学院“新型智库”的定位，二是应该突出贵州省社会科学院的标识，让人一看就知道是贵州省社会科学院办的，贵州省社会科学院坐落在“甲秀楼”附近，可以作为标识，并且“甲秀”一词“科甲挺秀”的意蕴很好。故，不妨就叫“甲秀智库专报”。其次，要确定的是这个内参怎么定位？当时的想法是，

---

① 作者简介：许峰，贵州省社会科学院科研处处长、研究员、博士。主要研究方向：中共党史党建、马克思主义理论。

替领导阅读，做信息的搬运工，筛选出最有价值的信息以最简短的文字第一时间呈送给领导。再次，报送给谁？我认为，应该主要报送给省委常委、副省长，并根据省领导的分工有所侧重地报送。

确定好名称、定位和报送对象后，就决定选编创刊号的内容。第一期报什么，很关键。因此，我查阅了新近出版的新华社内参、中国社会科学院成果要报、学习时报等资料，摘编了一期防范化解金融风险的建议的内容，呈送给相关省领导。创刊号报送上去后，天天盼着有领导的批示传回来。时间一天天过去了，一天天失望了。我没有气馁，继续选编相关稿件。同时，我也开始约稿，就热点问题约请相关专家撰稿。2017年一共报送了5期，其中1期得到省领导肯定性批示。虽然批示率不高，但是对于初创的刊物来说，还是不容易的。

唯一一期被批示的，是一篇原创稿件。这引起我的反思：可能是定位出现了偏差。领导需要的是原创性的思考，而不是搬运来的信息，这些信息也许他的秘书早已为他准备好了。于是，我对《甲秀智库专报》重新定位，主要是反映我省经济社会发展中的重大问题、痛点难点问题，分析问题原因，提出解决问题的对策建议，切实为省领导决策提供参考。重新定位后，我开始较大范围地约请有关专家试水撰写3000字以内的“问题—建议”类智库专报，一般少讲甚至不讲成绩、不分析意义，开门见山直面问题、分析原因、提出建议。

在这一思路的指引下，2018年，共报送9期，其中，关于在我省机构改革“三定”规定中明确部门数据管理相关职能、三线建设遗产保护利用、易地扶贫搬迁的多篇稿件得到省委主要领导和其他省领导肯定性批示，批示率提高到30%多。这一年，我还为专报设计了刊头，并送印刷厂制作了“红头”，进一步规范了报送的格式和形式，制定了发稿审批流程和审批单。自己在工作之余身兼编辑之务，虽然累但快乐着。

2019年，在专报上我做了三个方面的努力。一是进一步提高报送对象的精准度。这一年的二三月份，我尝试在刊头下方直接点出报送领导的姓名，有点类似于“专呈件”。报了2期，居然每期都得到批示。这增强了我的信心。从这个时候开始，专呈某位领导或某几位领导的模式（呈送几位领导也是采取单独“点名”的方式）逐步固定下来并延续至今。二是进一步围绕省委省政府重大决策部署集中力量研究并报送。这一年，围绕农村产业革命、脱贫攻坚报送了大批成果，绝大部分都得到了省委主要领导的肯定性批示。全年共报送23期，批示率超过70%。三是解决“巧妇难为无米之炊”的窘境。专报创办以来，无论是撰稿者、修改者、编辑者还是咨询者，都是“义务劳动”，没有任何报酬。我意识到，这个问题如果不解决，专报的生存和发展就不可持续。因此，我积极和财务处沟通，向院领导汇报，最终以“智库信息”的名义争取到了每年5万元的经费。虽然钱不多，但是起码让参与专报的各方的劳动得到了物质上的认可。

2020年年初，院党委根据形势发展需要作出决策：撤销后勤处，设立智库工作处。同年4月，智库工作处正式成立，党政办、科研处、传媒与舆情研究所与智库相关的工作职能转到智库处，《甲秀智库专报》也就和《社科内参》等一起，移交给了智库处。有了专门从事智库信息编发工作的部门，《甲秀智库专报》的可持续发展就有了最重要的保障，发展也驶上了快车道。

《甲秀智库专报》的成功创办和良性运行，我固然有一部分“功劳”和“苦劳”，但主要得益于院党委、行政的大力支持和科学领导，得益于提供稿件和咨询的专家的支持和帮助，得益于党政办同志的辛勤付出。借此机会，我真诚地道一声“谢谢”！

贵州省社会科学院的“传帮带”

谢忠文[①]

2011年9月，我从上海社会科学院博士毕业后入职贵州省社会科学院，开始了一段有贵州省社会科学院特色的“传帮带”历程。

我有近15年的时间一直在社会科学院系统，从读研究生时就开始接触社会科学院系统的研究工作，读书期间也承担过不少社会科学研究的课题，深刻感受到社会科学研究的重要法宝——“传帮带”。这种“传帮带”摒弃放任自流的学术个体户做法，也区别于一般意义上的“师徒制”，是符合社会科学研究规律的重要方法和营造学术单位良好氛围的关键所在。为此，入职贵州省社会科学院以后，我对本院“传帮带”工作有较大期待。现在看来，收获已大大超出了预期。现将几件“传帮带”的趣事散忆如下。

2012年年初，我被借调到省委办公厅跟班学习，参加省第十一次党代会报告起草工作，期间还承担了省委交办的一篇重要文稿的起草任务。此任务是省委交办给贵州省社会科学科院的。接到任务以后，院党委高度重视，让史昭乐研究员具体指导我起草稿子。在史老师带领下，我利用省委办公厅获取资料的优势，向有关厅局收集了一些书面调研材料，对贵州经济社会发展的总体情况做了比较深入的了解。同时，我还到贵州省档案

---

① 作者简介：谢忠文，贵州省社会科学院智库工作处处长、副研究员、博士。主要研究方向：马克思主义、政党政治、理论经济学。

馆和省委办公厅资料室，对改革开放以来省委省政府的一些重大决策过程做了较为全面的梳理。事实证明，这些准备工作对起草文稿非常重要。随后，在史老师指导下，我草拟了文稿大纲，院领导组织相关专家进行深入讨论，形成比较成熟的提纲，我根据提纲起草了初稿。初稿完成后，史老师又带着我对文稿仔细打磨后顺利提交。史老师笑着对我说：“小谢，你是快手，我慢工出细活。两代社科人配合起来，真是绝配！”我知道这是史老师在鼓励我，让我要磨炼一下粗糙的文字功底。这次起草稿子的经历，我完整地了解重要文稿起草过程和关键环节，为以后开展类似工作积累了经验。

让我难忘的还有为贵阳市起草相关研究报告的事情。省里一些重大文稿都是出自我院刘庆和老师之手，领衔起草了一些有影响力的稿子。2014年年底，贵阳市委主要领导调整，市委主要领导经过深入调研后，提出要探索发展新路子，改变贵阳过度依靠房地产推动经济发展的旧模式。市委政研室请求贵州省社会科学院对新思路开展研究。接到任务以后，刘庆和老师组建了由贵州省社会科学院、贵州财经大学等单位研究人员组成的课题组。课题时间紧、任务重，并关系到省会城市发展的重大战略。刘老师通知我参加课题组，我心里很期待，也很忐忑：期待的是想通过参加稿子起草工作，进一步提升开展贵州经济社会发展重大问题研究的能力；忐忑的是自己感到个人知识积累与承担课题所具备的水平尚有差距。课题组第一次开会，刘庆和老师就鼓励大家脑洞大开、开展发散式思维，每个人都讲自己的看法和观点。我清楚地记得，当时我提出了一些不成熟的想法和观点。尽管如此，刘老师并没有否定，而是鼓励我把思路写下来。刘老师说，写东西，最关键的是逻辑清晰，不能把“袜子”放到“碗柜”当中去。当时正值省召开“两会”，刘老师一边开会，一边抽空来课题组指导文稿起草。稿子定稿第二天就是除夕，其时贵阳已经白雪皑皑，似乎预示着我们的工作会取得很好的效果。也在此时，课题组所在宾馆通知我们，宾馆餐厅备料已经用完，无法提供餐饮服务，让我们自己安排。为此，课题组几个老师还自嘲：我们真是一群蝗虫！“功夫不负有心人”，研究报告完成后，课题组还派代表到国家有关部委去汇报工作。报告对推动形成贵阳市“无中生有”的“大数据”战略行动起到了一定作用。在以后的课题研究中，刘庆和老师的这种严谨作风一直在激励着我。

2017年年初，按照院党委决定，我的工作调整到文化所。面对完全陌生的科研领域，再加上初步走上领导岗位，本能恐慌可想而知。一到所里，我就向杜小书所长请教。杜所长是一位有耐心、有能力的大姐，不止一次地向我传授了当好所领导的“秘密武器”。她经常说，当领导关键还是要身体力行，有公心、能担当，光有思路和嘴上功夫不行，有些时候要“自己提刀子杀猪”。在她领导下，我们相继开展了一系列课题研究，与思南、贵定等县合作开展地方文化研究；同时还高质量完成了中宣部委托课题、其他横向课题研究，取得了一定成绩。老所长王路平研究员对我的学术研究也有许多助益。他多次向我讲授了传统文化研究的基本问题、基本理论，并推荐了一些传统文化研究著作。在王路平研究员指导下，我开始阅读贵州传统地方文献，并对传统哲学领域有所涉猎，特别是对王阳明著作的研读。虽然本人师承脉络中有传统文化的部分（特别是冯契先生的哲学研究），但真正开始带着问题开展研究，还是到文化所工作以后。在王路平老师的指导下，所里经常开展一些关于意识形态构建、传统文化、哲学修养等方面的学术研讨。研讨形式多种多样，有时摆上一杯茶就能开展几个小时的热烈讨论。每周二集中的时候，文化所的讨论声整层楼都能听得见。通过近三年的“漫谈”，实际上让我树牢了“事上磨炼”的处世观，一定程度上走出了带着学术功利思想从事研究工作的误区，对各方面工作挑战大体上也能够淡然处之。我也因此明白了一个道理：为学术而学术的日子其实很幸福，人生应该多读些“无用”而“大用”的书。

白驹过隙，时光荏苒。迄今到贵州省社会科学院工作8年多了，闲暇之余我经常在思考：如果没有许多老同志帮助，如果没有院领导安排的工作历练，如果没有 …… 为此，心里始终有一颗感恩之心：感恩一起共事的同志们、感恩贵州省社会科学院提供的发展平台，最感恩的还是遇到了“传帮带”的老同志们，他们这种“授人以渔、倾囊相授”的精神，正是贵州省社会科学院“弦歌永续”“薪火相传”的精魂所在，也是贵州省社会科学院能够保持省内哲学社会科学研究重要阵地的密码。

淡泊明志　潜心学术

陈　讯[①]

2020年，贵州省社会科学院迎来60华诞，而我也迈入学术生命的黄金时期。60年来，我院在繁荣发展贵州哲学社会科学、服务地方经济社会发展方面取得了可喜的成绩，很多原创性、开创性的学术成果在省内外已产生了较大的影响。纵观社会科学发展历程，西方社会科学的成型之前其社会发展经历了很长一段时间的变革，各种理论也同样经历了一段零碎的、片面的不成熟阶段。当前，中国正在经历百年未有之大变局，中国社会急剧转型和经济快速崛起强烈呼唤构建具有主体性的社会科学，客观上为年轻一代学者提供了做学问千载难逢的契机。因此，如何在社会转型期触摸这个时代跳动的脉搏，摆脱西方社会科学强势话语和突破西方哲学社会科学既有理论体系，为构建中国特色哲学社会科学的主体性助力，是我们这一代从事科研事业的人需要审视的重大现实问题。

我在学界涉猎甚浅，但愿以学术为业探索纷繁复杂社会运行中的普遍性规律，愿为建立中国特色哲学社会科学主体性贡献自己微不足道的力量。虽然这条道路漫长艰辛，但会在纷繁喧嚣的世俗中淡泊以明志，潜心做学术研究，坚持走“田野的灵感，野性的思维，直白的文风”的“治学”

① 作者简介：陈讯，贵州省社会科学院社会研究所副所长、研究员、博士。主要研究方向：农村社会学、政治社会学。

之路。

一、田野的灵感

田野的灵感强调任何一项研究的问题意识应来源于田野经验，不拘于教条主义，不被某一理论遮蔽，也不会戴上西方某一种理论的有色眼镜观察中国农村问题，而是“实践 — 认识 — 再实践 — 再认识”，循环往复以至无穷。这一过程的本质是将感性认识上升为理性认识，即：将田野调查和感悟的经验材料加以整理深化成概念、判断和推理的过程，是从实践到认识和再实践、再认识，因为理论必须还原成经验才有意义，唯有厚重的经验，才会获得学术灵感。因此，扎根于全国不同省（市、区）农村做田野调查是我从事哲学社会科学研究获得学术灵感的源泉。但是，到农村做田野调查的目的不是为了功利地写学术论文，也不是为了完成某项课题，而是为了认识和理解中国农村，不断提升自己对中国农村问题复杂性和多变性的认识，从而形成经验质感并融会贯通。

田野调查是零距离接触社会现象最有效的路径，也是获得学术灵感的源泉。在研究过程中以农村研究为切入点，但不拘于从农村看所有社会问题。如在“村庄之中提问题、现象之间找关联”，前者指的是问题意识只能来源于经验本身，后者则指经验并不是孤立的、片面的现象或材料，而是具有逻辑关系的多个社会现象的集合。激发“田野的灵感”就是要接地气、有灵气地将不同社会现象之间的经验贯通，跳出唯西方理论是从，反对朴素经验主义把片面的、孤立的现象当作本质的、整体的经验，才能真正做到透过社会现象看社会本质，才能做有主体性的哲学社会科学研究。

二、野性的思维

从事经验研究，不仅要具备好的灵感，还要具备野性的思维；不仅要有理性思维，还要有感性思维。唯有如此，才能破除朴素经验主义和教条主义，才能跳出个体日常生活体验和感悟，才能获得社会学的想象力。野性的思维并非胡思乱想，更不是胡言乱语，其核心是思想要开放，即：开放的思考，敏锐的洞察，大胆的假设，严谨的推敲等，这些加起来就构成了野性思维。做哲学社会科学研究，深刻的错误的背面就是深刻的正确，肤浅的正确却永远都是肤浅。从社会科学创新历程来看，几乎所有创新都是在空白地带、无知地带产生的，如离经叛道、天马行空、杂乱无序等大胆想象和假设，才可能获得创新机会。因此，在田野调查中释放野性的思维就是不受低水平规范的约束，不是将学界已有研究变成束缚，而是变成研究资源。

哲学社会科学研究是对未知世界的探索，是尝试，是试探，若可以非常有秩序地、按部就班地、死板僵化地试探，那么创新就会打上问号。释放野性的思维的一条重要原则就是从科学研究出发，立足于丰富的经验认识，在“经验 — 理论 — 经验”大循环中不断穿梭，不断深入田野调查，不断拓宽研究视野，以厚重的经验质感为基础推陈出新。因此，从社会科学本土化，抑或主体性视角来看，中国社会科学必须有一个呼啸走向田野的阶段，在这个阶段社会科学研究一定会经历杂乱无序、天马行空等过程，甚至鱼目混珠、浑水摸鱼以及低水平重复，只有不断优胜劣汰，才能真正构建具有主体性的哲学社会科学理论，才能真正理解和解释中国问题。

三、直白的文风

从事哲学社会科学研究，根本性的问题在于深入研究问题和思考问题，而不是把时间和精力花在表述问题上。直白的文风是哲学社会科学研究中原创性研究的一个特点。深度研究用什么形式表述本不该成为问题，但当前学界把表述弄成了问题，尤其是诸多不做一线研究的学者在评审科研项目时，把表述当成研究成果质量标准而忽视研究内容，这就成了大问题。从事哲学社会科学研究，严谨不是雕琢文字，而是深入思考。因此，表述不能弄得无比复杂，一定要是低成本高效率的表述才有利于集中精力去更深层次思考问题，才能打破科研形式上的枷锁。

当前，学界有一个通病就是将研究问题本身降格为表述问题，甚至有不少研究者将整合文字能力变成科研能力，以及将表述当成研究而不做研究，这是社会科学研究之殇。直白的文风就是要求研究者用通俗易懂的文字简单高效地表达自己的观点，写作不拘小节、不雕琢文字，将有限精力用于研究真问题和硬思考，从而给灵感以表现的机会，给原创以成长的机会。

坚守初心　成就自我

周芳苓[①]

“2020年”是一个特别的历史年度，无论对国家、单位、个人，都具有特殊的意义。又恰逢贵州省社会科学院建院六十周年，也是笔者进入贵州省社会科学院二十周年。时光荏苒，岁月如梭，社科之路匆匆走来，不知不觉已过不惑之年。此际，有很多人、很多事、很多美好，值得记忆和回味！

一、幸遇恩师，终身受益

二十年前，记得毕业之际，正当全班同学把酒言欢，准备离别各奔前程之时，贵州民族学院（现贵州民族大学）原副院长吴晓萍教授告知了我一个意外而惊喜的就业信息：“芳苓，贵州省社会科学院面向省内外招聘社会学专业的优秀毕业生，正好你各方面条件都是最好的，虽无缘留校当大学老师，但将来仍挺适合从事科研工作，不妨去试试，给你一晚上的考虑时间，明天早上必须答复，我好决定是否推荐你去参加面试！”当晚，经过艰难的抉择后，我毅然决定选择一试，即便是错失到金融部门高薪就

① 作者简介：周芳苓，贵州省社会科学院马克思主义研究所副所长、研究员、博士研究生。研究方向：应用社会学。

职的好机会也在所不惜。随后一周里，我顺利通过了考察面试，且签订了协议，火速成为贵州省社会科学院社会学所的一员。在社科之路上，我是幸运的，并遇到了自己的伯乐。今天，之所以在学术上有所进步、有所提高，离不开院内院外许许多多专家老师的无私“传帮带”。在这里，要特别提及的是对我学术成长有着重要影响的几位恩师：第一，贵州省社会科学院原社会学所所长、二级研究员、博士生导师史昭乐老师，是我的科研启蒙老师，也是我博士生在读期间的授课教师。在研究方法、科研经验的积累上，史老师给予了长达近十年的帮带与传承，于我而言，他既是伯乐，又是恩师，还是领导；第二，贵州省社会科学院城经所所长、博士生导师王兴骥研究员，在社科研究的平台搭建、职称晋升、发展谋划等方面，王兴骥所长都给予了大力提携，让自己在从事基础研究的基础上，有更多的机会涉及应用研究，并从中获得极大的锻炼与提升，于我而言，他既是领导，又是老师，还是兄长。第三，贵州大学党委书记、二级教授、博士生导师李建军老师，他既是我的博士生导师，又是我的学业恩师，在开拓学术思维、提升学术理论、培养学术素养上，建军老师都给予了极大的关心、爱护和支持。

二、持之以恒，定有所成

正如“没有人能随随便便成功”的唱词一样，在社科之路上，我们每个人难免都会历尽蹉跎岁月，也会体验属于自己的高光时刻。在课题上，从2002年、2003年、2004年连续三年申报贵州省哲学社科规划项目获得立项，再到2009年申报国家课题获准立项，其间经历了一个“屡败屡战，学习成长”的过程；在专著上，从2002年首次执笔完成第一部著作《贵阳规划历程：牂顺筑林》（合著），再到独立学术著作《农民工：城镇化进程中的边缘群体》《发展与差距：西部职业结构变迁研究》的出版发行，其间经历了一个“持久关注，情有独钟”的过程；在论文上，从执笔完成首篇学术论文在《社会》（沪）杂志上发表，再到独立发表学术论文被人大复印资料《刑事法学》全文转载，其间经历了一个“勤于思考，灵感驱动”的过程；在获奖上，从获得中国社会学会优秀论文“二等奖”，再到荣获贵州省人民政府哲学社科优秀成果“一等奖”，其间经历了一个“精品打造，重点突破”的过程。

三、社科之路，贵在坚守

“坚守”作为一种选择、一种情怀、一种过程，是实现社科人目标“诉求”的第一要件，是通向成功之路的“奠基石”。事实上，对于每个社科人而言，几十年如一日坚守初心，始终固守在社科研究的本职工作之上，除了兴趣使然、生计之需，其既离不开好的科研环境、学术氛围，又离不开好的科研领导、帮带老师。也正是始终坚守“初心”，长达二十余年的学术生涯虽充满艰辛，但我仍不离不弃，即便每每往前取得一小点进步，心中也甚感欣喜与安慰。如此周而复始，勇往直前，这正是社科研究的魅力所在。

四、回首往昔，五味俱全

一言概之，这二十年，是我院建设发展最快的时期，笔者有幸见证了这段历史，并有幸成为其中的一员。这一过程，既是笔者从一个“科研小白”成长为“科研骨干”的过程，也是笔者从一个“社科新人”到所谓“专家学者”的过程。尽管这一成长之路是漫长的、艰辛的、孤寂的，但却像是与社科研究谈了一场如痴如醉的“恋爱”，即便“为伊消得人憔悴”，也决不言悔，哪怕是青春远逝、白发苍苍，也不留遗恨。所有这些，或许它将成为我职业生涯中的一段可贵记忆，而那些曾经的迷茫无序、原地踏步、不得其所之遭遇，都已成为过去，且无关未来。诚然，社科之路仍需继续，我将踏上新征程，寻求新发展，实现新突破，成就新自我！

一次难忘的应用对策成果转化经历

吴月冠[①]

我是2008年秋季通过贵州省社会科学院人事招考于2009年春季正式调入院法律研究所从事研究工作的，此前2008年自贵州大学法学院民商法学专业毕业后在位于深圳的广东金唐律师事务所做实习律师工作。至今从事法律研习工作十余载，其间还先后在院人事制度改革领导小组办公室、院人事处、省委党的建设工作领导小组办公室锻炼学习；在马克思主义研究所从事研究工作4年多。回想自己的社科研究从业经历，2018年的一次应用对策研究成果写作、报送和转化经历印象深刻，同时可能会对从事社科研究工作的同仁有所参考，故做一些回忆和思考。

那是发生在2018年全国党和国家机构改革过程中的事情。2018年10月，党中央、国务院批准《贵州省机构改革方案》，贵州省委十二届四次全会审议通过《中共贵州省委贵州省人民政府关于贵州省省级机构改革的实施意见》。我院2015年年底成立大数据政策法律创新研究中心并培育“大数据治理学”新兴学科，由时任院长吴大华担任中心主任，罗以洪、陈加友、陈讯、张可和我任副主任，集中院各学科青年力量发力大数据战略在贵州的实践研究。贵州省设立全国首个正厅级的省大数据发展管理机

① 作者简介：吴月冠，贵州省社会科学院法律研究所副所长、研究员、博士研究生。主要研究方向：大数据和互联网法律、马克思主义法学与党的建设理论。

构后，各市（州）县（区）也正谋划设立大数据发展管理机构，贵州大数据战略行动正向纵深推进。全省各部门和各地均在结合本部门、本地区实际实施信息化、大数据、云计算、物联网等大数据相关项目，政府行政流程得以创新、政府数据共享得以促进、政府数据开放得以推动，然而大数据战略行动仍主要由省大数据发展管理局谋划推进，全省各部门间如何结合自身实施的大数据项目形成部门推动力量以及整体合力，从而进一步保障大数据战略行动在全省各地各部门得以落地实施？这成为自己思考的一个问题。当时，恰逢省机构改革方案落地实施阶段，故拟尝试以明确省各个部门数据管理职能为着力点，结合部门考核制度，推进大数据战略行动在全省进一步落地。

考虑应用对策研究成果特别注重时效性，我及时搜集查阅机构改革最新进展情况、相关论文、相关法律法规、政策文件等材料；同时，细化思路，准备从背景及对贵州的战略意义、现实中的薄弱环节、应对方法、具体建议四个部分撰写，完成《关于我省机构改革“三定”规定明确部门数据管理相关职能的建议》初稿，第二天即报请大数据政策法律创新研究中心主任吴大华院长指导。吴院长非常支持并鼓励报送，提出了修改意见，还把他搜集的机构改革资料给我，让我进一步修改打磨，提高成果报送质量。在消化吸收吴院长建议的基础上，我又对初稿进行了两遍修改打磨，并与当时承担专报组稿和报送工作的院党政办副主任许峰再次研读修改材料，最终形成了一份1000字左右的研究报告。没多久，该报告即获省委主要领导同志肯定性批示；接下来的几天，省委编办业务处室的负责同志与我联系，讨论、建议相关的支撑材料。自己在得到研究成果为决策部门重视和采纳的消息后，心中备受鼓舞，感到作为一名社科人使命光荣。于是我夜以继日整理出一份6000字左右的政府部门数据管理职能法律法规、规范性文件分析报告及条文摘编，及时送到该业务处室负责同志的办公室，并当面沟通交流，相关观点得到肯定。至此，自己的一份应用对策研究成果报送经历告一段落。2019年年初，收到了成果采纳函件，同时获悉不少省直部门的三定方案和市州、县政府部门的三定方案已明确将数据管理纳入部门职能之中。

通过这件事情，自己有三点体会。一是社科研究工作有必要围绕自己的研究兴趣，开展持续、扩展的理论积淀、调研感知、成果写作。这样做的优点是兴趣即工作、工作即兴趣，围绕兴趣加班，哪怕熬更守夜也能让我们少一些心理疲惫、多一些创意灵感。当然，也有不足，比如不一定能赶上潮流、研究面过窄、资助机会少等，全在个人取舍。二是社科研究工作要结合单位职能定位、全省和国家主要战略等现实因素开展。在围绕自身研究兴趣开展研究、挖掘、扩展过程中，如结合本单位职能定位，促进自己的研究成果得以应用、得到积极评价，那么，就要主动和单位的其他相关研究团队加强协作、集体研讨，这样可以更好地拓宽自身研究视野，建立更多共同攻克难题时的难忘友谊。在围绕自身研究兴趣开展研究、挖掘、扩展过程中，如结合全省和国家主要战略加以转化，则会给研究带来更多项目经费支持，得到党政部门和同行专家的积极评价，同时使研究成果得以应用，个人的社会价值由此得以实现。三是珍惜自己所处社科研究平台和环境。时刻提醒自己是领受所在单位和国家给予物质报酬、精神鼓励的科研人员，所有研究工作都应从坚持为人民服务的角度出发，以人民为中心，以增进人民福祉为目标。在努力提高自身研究水平和能力的基础上，要清醒地认识到，自己所取得的每一份成绩都是所在单位大力支持、所在地方长期培育并提供机会的结果，进而珍惜单位给予的锻炼机会和实践平台，趁自己风华正茂，多做出一些值得回忆、欣慰的成果。

从书斋走向田野

邓小海[①]

早在来贵州省社会科学院工作之前，我就和贵州的旅游结缘。2013年，我的博士研究生导师罗明义教授负责国家旅游局（现为文化和旅游部）的项目“乌蒙山片区旅游发展规划”，带领我和几个师兄弟到贵州的毕节、遵义调研，当时我就真切地感受到贵州的旅游发展状况和贵州发展旅游的雄心，也直观地感受到了贵州旅游的发展潜力。

2015年博士毕业之后，我通过高层次人才引进绿色通道进入贵州省社会科学院农村发展研究所工作，正式扎根贵州，有了更好地为贵州的旅游发展贡献绵薄之力的平台和机会。

贵州过去是全国脱贫任务最艰巨的省份之一，贫困面大、贫困程度深、贫困人口多。然而，贵州风景名胜资源丰富，自然风光神奇秀美，山水景色千姿百态，自然风景和古朴浓郁的民族风情交相辉映，红色文化资源丰富，旅游资源富集，分布广、类型多、品位高、保护好。“十三五”时期是贵州省实施大扶贫战略、旅游井喷式发展的黄金五年。正因如此，对于旅游专业尤其是我这个博士学习期间主攻旅游精准扶贫的研究人员来说，贵州就是一片科研沃土。在来贵州省社会科学院之前，我很少外出调研，可以说是一名从理论到理论的书斋研究人员。来贵州省社会科学院后

① 作者简介：邓小海，贵州省社会科学院农村发展研究所副所长、研究员、博士。主要研究方向：旅游经济、乡村旅游、乡村振兴。

的这五年间，可以毫不夸张地说，贵州省9个市（州）、88个县（区）都留下了我的足迹。有时我连续一两个月都在调研，在各个旅游景点、在“老少穷”地区不停地走，不停地看，不停地思考。

其间，有诸多令我动情的时候。记得有一次扶贫评估深入村组时，村民们听说我们是省城来的工作组，一下子就全围过来了，七嘴八舌地向我们反映问题，不断向我们递交文字材料，希望我们帮助他们解决困难。那些期盼的眼神，让在场的我们无法拒绝。见惯了城市的高楼林立、车水马龙，再进入大山深处交通不便的贫瘠农村，除了感慨当地农民的不易之外，我们也在思考如何才能改变他们的现状，如何才能用自己的所学所研帮助他们。这也是作为一名社科人的责任和使命。

2019年4月，省委统战部选派我到黔西南布依族苗族自治州文体广电旅游局挂职担任副局长。在挂职的一年里，我的角色既是一名科研人员，又是一名旅游管理行政人员。正是由于这双重角色，在这一年里，我更为直观而深刻地感受到了理论结合实践、科研成果转化的重要性。科研人员如何才能产出高质量的研究成果？单靠坐在书斋里不深入实践进行田野调查是不可能产出高质量的研究成果的，唯有理论与实践紧密结合，唯有真切的生命体悟，成果才可能有长久的生命力，科研才能为民所用，才能创造价值。挂任副局长的工作烦琐而艰巨，五加二、白加黑是当时的工作常态。尽管如此，我仍然挤出时间撰写科研论文，“白天走干讲，晚上读写想”。

作为科研工作者，我深知科研是发展之基和安身立命之本。我以咬定青山不放松的坚定信念，紧盯主业，始终坚持将科研工作置于工作的重要位置，不断加强理论学习、政策学习，不断夯实自己的科研功底，努力申报各级各类科研课题、撰写发表科研论文、出版专业著作，积极参与各类学术会议，极力争取新的突破，在所从事的专业领域取得了较突出的科研成果。五年间，我一共出版著作3部，公开发表论文30余篇，其中核心期刊10余篇，主持国家级课题1项，主持完成省部级课题1项，省旅发委（现为省文化和旅游厅）重大课题1项，省领导指示圈示课题多项，参与完成各类课题多项，成果多次获得省部级领导肯定性批示。这些成果的取得，离不开领导的关心指导和同事的热心帮助，离不开我这五年走遍贵州山山水水、深入旅游景区、遍访“老少穷”地区的调研实践。

贵州各地的脱贫攻坚和乡村旅游实践激发了我的科研灵感，贵州全力推动旅游产业化的信心和决心鼓舞着我不断前行。在贵州，我从书斋走向田野、走向景区，将自己对旅游的思考不断写在贵州大地上。今后我将继续前行，不负韶华。祝愿贵州省社会科学院的明天会更好！希望贵州的旅游强省梦能早日实现！

努力提高政治站位　做到忠诚干净担当

胡月军[①]

根据省委巡视办的安排，2019年10月至2020年12月，我先后参加了十二届中共贵州省委第七、第九、第十轮巡视工作，被巡视单位涉及省属高校、省直机关、群团组织。经过三轮长达7个月的巡视工作锻炼，我切身体会到：党的十八大以来，习近平总书记关于巡视工作的重要论述，是在新时代全面从严治党向纵深发展、巡视监督不断深化的生动实践中逐渐形成并且不断丰富发展的，具有强大的真理力量、实践力量、创新力量。党中央从管党治党形势任务出发，对巡视制度进行了革命性改造。党的十九大以来，巡视工作在坚持中深化，在深化中发展，巡视制度更加科学、更加严密、更加有效、更加成熟定型。对于中国共产党而言，中国特色社会主义巡视制度具有独创性、优越性，是中国共产党全面从严治党的战略性制度安排，既是一把反腐败斗争的利剑，同时也是一条践行党的群众路线的桥梁与纽带；对于被巡视单位而言，被巡视过程是一次全方位、立体式的政治体检，必须把坚定“四个自信”、树牢“四个意识”、做到“两个维护”落实落细落小到单位主责主业全过程之中；对于参加省委巡视工作的个人而言，是一次关于中国特色社会主义巡视制度优越性的体验

① 作者简介：胡月军，贵州省社会科学院法律研究所副所长、副研究员、博士。主要研究方向：刑法学、民族法学。

式的政治实践课，既是十分难得的政治锻炼，同时也是非常宝贵的社会实践调研。经过这段时间历练，我提高了政治站位，熟悉了党内法规，拓宽了社会视野，增强了业务本领。

习近平总书记在中共中央党校（国家行政学院）2020年秋季学期中青年干部培训班开班式上发表重要讲话并强调，要切实加强思想淬炼、政治历练、实践锻炼、专业训练，干部特别是年轻干部要提高政治能力、调查研究能力、科学决策能力、改革攻坚能力、应急处突能力、群众工作能力、抓落实能力。

我有幸参加省委巡视工作，可以说是非常难得的“思想淬炼、政治历练、实践锻炼、专业训练”机会，在巡视工作实践中，我的政治能力、调查研究能力、群众工作能力得到了切实提高。

在参加省委巡视工作之前，我没有在党政机关工作经历，没有在基层一线工作经历，没有在多个行业系统工作经历，可以说是一个“从家门到校门、从校门到单位门”的年轻人，每一轮被巡视单位的行业系统的主责主业都不同，我都必须本着实事求是的巡视工作要求，本着“对党负责、对人民负责、对被巡视单位负责、对自己负责”的态度在加强政治学习、业务学习中开展工作，发现什么问题就反映什么问题，发现到什么程度就反映到什么程度，是什么性质问题就按什么性质的问题对待，力争精准把握政策、精准发现问题、精准分析问题、精准报告问题、精准提出整改建议，力争巡视发现的问题经得起历史和实践检验。

我刚参加巡视工作的时候，难以准确把握政治监督与业务检查的关系。经过一段时间的巡视工作实践锻炼，逐渐体悟到，讲政治和干业务是一枚硬币的两面，没有离开业务的政治，也没有离开政治的业务，离开业务讲政治是空洞的，离开政治干业务是盲目的。对于被巡视单位而言，每项具体工作都是业务工作，都是贯彻落实党的路线方针政策和党中央、省委重大决策部署的具体化，背后体现的是政治方向、政治定位、政治要求，具有鲜明的政治属性。巡视是政治巡视，本质是政治监督。巡视工作必须坚持从政治上发现问题、分析问题、辨别问题，善于透过现象看本质，透过业务看政治，把业务问题上升到合适的政治高度去分析，查找政治偏差，进行政治监督。

我刚参加巡视工作的时候，对一些党内法规还不能做到“深学笃用”。比如，我在参加巡视工作过程中认真学习《中国共产党支部工作条例（试行）》等党内法规，才注意到“各级党委组织部门应当注意通过党支部了解掌握党员干部日常表现，干部考察应当听取考察对象所在党支部的意见”等细微规定，在开展具体工作中进行针对性学习，加深了印象。由此，我意识到，各级党委书记、党委副书记、机关党委书记、机关纪委书记、党支部书记都应该深学笃用《中国共产党党组工作条例》《中国共产党支部工作条例（试行）》《党政领导干部选拔任用工作条例》《中国共产党纪律处分条例》《中国共产党党内监督条例》《中国共产党问责条例》等重要且常用的党内法规及相关规定，树牢政治意识和法纪意识，严守政治纪律和政治规矩，忠诚干净担当，对标对表开展工作，这样一来，才不至于出现政治失误。

总之，正如中央巡视办副主任罗礼平所言：“巡视既是一个苦活、累活、得罪人的活、不好干的活，又是干部接受锻炼、实现价值的重要平台。落实政治巡视要求，既需要境界、担当和情怀，也需要能力支撑。参加巡视的干部要用好这个平台，当好最佳主角，做到手持利剑、激浊扬清，心系人民、无私奉献，忠诚干净担当、不辱使命。”

六十年薪火相传　不忘初心再出发

张　燕①

2003年，我参加工作，就职于贵州省社会科学院图书信息中心，业界称科研机构图书馆为专业图书馆。那些年，大多数图书馆还在以提供目录卡片作为首要检索工具，全国上下积极推进系统性联合编目，传统文化机构正激烈讨论信息化给行业带来的冲击与机遇。当时很多人不了解社会科学院是干什么的，习惯望文生义的人们听到“社会科学院”只是觉得高端而神秘，出租车司机都少有一听名字就知道这单位在哪儿的。直到我们的专家被用专业力量吸引理性受众的大众媒体频频拉上银幕、请进电台，贵州省社会科学院才逐渐走入老百姓的视野，越来越接地气了。而我，开始经历图书馆从传统服务到信息化建设的逐步深入，图书信息服务理念与整个服务系统运作机制的变迁。

由于图书馆学专业对口，来到图书信息中心就直接去了采编部。这是图书馆里一个对专业知识要求相对较高的部门。在这里，我们根据《中国图书馆分类法》对采购来的图书文献进行分类，然后将文献的主要信息输入图书集成管理系统。很多人觉得这个事儿很枯燥，但却能促使你不停地接触到各种文献且快速了解文献内容，你只有大致掌握了它的内容，才谈

① 作者简介：张燕，贵州省社会科学院图书信息中心副主任、副研究馆员。主要研究方向：知识服务、文献计量学、知识平台与数据库建设。

得上给它们分类和标引。标引就是通过对文献的分析，对文献作相对确切的检索标识，比如分类号、关键词、叙词、人名、地名等，用来反映该文献的内容。多年后，这个过程被倒逼到出版社去了，减轻了图书馆和书店的业务量。图书在出版的时候就分好类和给定主题词等，再进入下一个领域的时候就简单多了。也因此很多图书馆的采编部迅速消失，采编老师们纷纷被分流到同是以内容研究为主，负责检索、组织、跟踪专题知识信息的信息咨询部门。我们中心采编部还负责馆藏整体资源建设，建设工作紧紧围绕全院科研事业的发展需要来开展。对图书馆而言，特色资源的开发利用是一个可以体现图书馆特色与实力的重要内容。我们在图书集成管理系统数据区与实物书库排架体系中都设置了“院内成果库”和“地方文献库”，将通过专家赠送或图书馆购买、交换等形式获得的院集体成果和专家个人成果、贵州专家成果和研究贵州的成果分别放在这两个库里形成特色资源。从建设形式上看，就是两个不同专题的目录数据库，多年后我们在此基础上又做了院内成果的全文数据库。如今很多图书馆经费充裕了，购置大量商业数据供读者使用，但几乎没有哪家馆会主动放弃自建特色数据资源库的做法。接触到这些“学术家底”，对于刚参加工作的小年轻来说还是很有触动的，一种浓浓的集体荣誉感就在那个时候被培养起来了。后来，根据单位性质，我开始结合自己对文献计量学和专题信息整理开发利用方向的兴趣开展一些研究和课题跟踪咨询服务。

2012年，我院实施“三大战略”发展规划，计算机网络技术服务并入图书信息中心。中心业务内容开始增多，原有工作人员的职责也作了调整。传统图书馆业务与信息化建设工作经过了一段时间实质性的交接与磨合后，我接手了一份全新的工作 —— 参与贵州省社会科学院官方网站建设。我“被迫”进入IT界这个事情被图书馆界的朋友们打趣了很久，我“安慰”自己也回应他们 —— 表面上我转行了，但实际上还是在做内容嘛。我将网站内容建设工作视为另一种知识信息的提供与服务方式。根据省政府办公厅关于事业单位官方网站建设的要求与院的职责任务，我们调整了网页内容呈现结构，增加、删减了板块，还制定了含系统发稿流程的平台管理制度。在领导的带领、同事们的配合和广大科研人员的支持下，我们的官网尽管没有直接服务大众的业务，但还是获得了很不错的关注度，年度考核也从没有掉过链子。随着信息化浪潮的兴起，中心的信息化业务逐渐增多。2016年4月，“甲秀智库”微信公众号注册开通；2017年3月，贵州省社会科学院官方微博开通。平台建设有力促进了我院对外交流与成果展示，促进了外界对科研机构服务经济社会发展方式与状况的了解。

2016年年初，院里启动科研成果陈列馆建设，我接到了协调宣传片拍摄与宣传稿写作的任务，很幸运，在这个过程中，我系统地了解了我院的历史。同年秋，一个朴实无华、面积不到100平方米的展厅落成，里边的内容真实展现了贵州省社会科学院半个多世纪的发展历程，反映了贵州省社会科学院科研工作者的艰辛付出，展示了半个多世纪以来，我院始终坚持解放思想、实事求是、与时俱进的思想路线，肩负述学立论、咨政育人的历史使命，辛勤耕耘、人才辈出，硕果累累，为推动贵州经济建设、社会进步、科技创新、文化繁荣、生态向好发挥了重要作用，作出了突出贡献。

2016年年底，为摸清古籍家底，我院启动古籍普查保护工作，我负责项目推进实施。在院历史研究所的大力支持和配合下，图书信息中心将院内所有古籍进行清理与整合，并向贵州省古籍保护中心发出希望得到专业支持的邀请，省古籍保护中心随即派遣3位专家进驻我院，对我院现存古籍进行普查登记。经过近1年时间，基本摸清了我院古籍资源的基本情况：古籍藏量488部，6874册。版本年代上起元代，中经明代，下迄清代。

除此之外，还存有一定数量的线装民国文献。省古籍保护中心根据全省古籍普查登记统计数据认定，我院所藏古籍文献数量位居贵州省31家汉文古籍收藏单位的第8位，并对我院下一步古籍保护工作提出了专业意见。我们充分认识到古籍保护工作的重要性和必要性，根据现行图书馆古籍保护的各种规范、标准，制定了我院古籍保护与管理的相关制度。对图书馆特藏室进行符合古籍保护要求的改造——室内控光、防尘、防火、防虫、防盗、温湿度控制等。邀请中国社会科学院图书馆专家来指导、派遣图书信息中心工作人员进京学习，联合开展古籍整理与研究工作，深入挖掘古籍价值，出版了《渊鉴挹菁：贵州省社会科学院典藏》。该书一是对我院现有古籍中元、明、清初中期31部古籍的版本形式、编撰者情况及珍本内容进行介绍（附书影），二是对我院收藏的名贵字画进行研究展示。

当前，为加强中国特色新型智库建设，我院积极参与构建中国特色哲学社会科学学科体系、学术体系、话语体系，努力朝着全省哲学社会科学综合研究中心，党委、政府“思想库”“智囊团”和西南地区领先的知名智库的目标前进。对于图书信息中心这样的知识信息服务机构而言，新型智库对我们知识信息资源的量与质、知识信息存储结构以及知识信息服务水平等软硬件条件提出了前所未有的要求。我在业务研究中提出建设基于新型智库知识服务的信息资源共享网络。在新技术的启发、新需要的引领下，借鉴已有资源共建共享模式，探索科学研究及决策咨询规律，研究智库活动外在和内在动能，了解科研人员科研活动的知识需求及习惯，探析智库活动及产出对服务对象的影响。

2018年5月，在经过需求调研、项目设计、大数据局立项评审、招标公司遴选、软件开发公司招投标与技术开发后，“贵州省社会科学云服务平台”正式上线运行。这是贵州省哲学社会科学创新工程的重要支撑项目，是全国首个哲学社会科学领域云服务平台。平台整合五个系统、一个特色数据库、一个App、一个门户网站，致力于打造基于互联网的社会科学知识需求信息与知识供给信息的集散中心，区域性社会科学资源的交换平台，社科领域工作者之间的联系渠道，科研机构和人员为党委政府相关部门提供决策支持的重要途径，切实推动我省哲学社会科学领域管理与服务的信息化进程。

2020年4月，由图书信息中心负责的贵州省哲学社会科学创新工程重大创新项目“贵州省新型智库基础数据库建设研究”启动，为此，我们立足贵州智库发展的基础与现状，锁定省内长期围绕公共政策开展决策咨询研究与服务，长期关注某一特定领域开展跟踪研究并形成一定研究优势，具有智库发展的自我认知与明确方向，能适应新时代、承担新使命、传播新思想的，具有地方特色、前景可期的科研机构开展了一次深入调研。这项建库与调研工作目的是大致掌握省内新型智库的发展状况，打造决策层与智库之间、各智库机构之间、跨机构科研人员之间相互促进、便于合作的平台。

智库的生存与成功最终取决于它是否能产出影响政府决策和社会发展的智慧成果，综观国际知名智库，产出决定智库影响力的成果不仅取决于智库的整体发展战略、具体营销方略、科学管理机制、专家知识成果转化和周全齐备的基础建设，还与智库的文化积淀、知识储备以及智库对各类信息敏锐的洞察力和处理能力息息相关。为推动智库发展，知识信息服务部门一定要跟得上科研团队的脚步，积极建设丰富、深厚、独特的自有资源，吸收先进的建设资源与技术手段，注重信息的深加工与知识服务的精深度，做好图书馆学、情报学相关研究以提升知识服务的专业性。

2020年是我院建院60周年，我们将不忘初心，在各自热爱的领域里继续前行。愿我院生机勃勃，薪火相传，团结奋进！

把学问写在贵州大地上

陈加友①

我于2015年6月从贵州省政府发展研究中心调到贵州省社会科学院，始终牢记科研工作者的本分和使命，不断优化知识结构，不断拓宽学术视野，不断提升理论水平，积极为省委省政府决策提供参考，把学问写在贵州大地上。

一、依托团队做好跨学科研究

每个人的学术研究都有相对的边界，其知识结构也有相对的盲区。我自己也深知自身的短板，尤其是在大数据方面的数据收集、数据挖掘、数据分析、可视化等方面的不足。我敢于正视自己学科和研究的不足，一方面加强这方面知识的学习，另一方面在院领导支持下，和志同道合的同事罗以洪、吴月冠、陈讯、张可及外单位的朋友组成了学术团队——贵州省大数据政策法律创新中心。我们团队的研究成果得到了习近平总书记、李克强总理及俞正声、栗战书等党和国家领导人的批示。团队成员的研究成果先后在《光明日报》《经济日报》《改革》《贵州社会科学》等报纸杂

① 作者简介：陈加友，贵州省社会科学院《贵州社会科学》编辑部副主任、副研究员、博士。主要研究方向：学术评价、数字经济、数字政府。

志上发表。四川、湖北、天津等地的相关人员慕名到我院大数据政策法律创新中心学习。通过组建学术团队，既带动了整个团队的研究水平，又提升了自身的学术水平，产生了诸多具有一定影响力的研究成果。

二、通过学习不断提升自身学术水平

在通过组建学术团队取长补短、做好跨学科研究的同时，我通过学习，优化知识结构，拓宽学术视野，提升理论水平。2015年，贵州省提出实施大数据战略，我着力在大数据领域深耕。同年6月，我申请到全国大数据研究重镇——国家信息中心从事大数据研究。2016年10月，我到国家发改委宏观经济研究院做“西部之光”访问学者，从事宏观经济和产业经济研究。经过自身的不断努力，提升了自己的学术水平，获得了一些学术成果。2016年8月，作为第二作者起草的《贵州内陆开放型示范区总体实施方案》得到李克强总理批示；2018年4月，作为第一作者撰写《茅台酒“双线同涨”存在一定合理性》和《茅台高市值潜在风险及引发的深层次问题值得关注》，2篇内参均得到中央领导批示；先后在《光明日报》（理论版）以第一作者发表《运用大数据提升国家治理现代化水平》和《建设数字政府　提升治理能力现代化水平》2篇文章。同时在《改革》《贵州社会科学》《中国市场》《贵州日报》（理论版）等报纸杂志发表大数据研究方面的文章10多篇。

三、积极投身乡村基层建设

在脱贫攻坚决战决胜时刻，我积极响应组织号召，毅然舍弃舒适的生活环境，于2018年3月欣然奔赴贵州省石漠化程度最严重的区域之一黔西南布依族苗族自治州兴义市巴布村担任第一书记，团结带领州、市、镇、村各级驻村干部，急群众之所急，想群众之所想，苦干实干巧干。2018年年底，巴布村贫困人口267户1234人全部脱贫。本人入选2019年“贵州脱贫攻坚群英谱”，并于12月31日作为受表彰的代表在贵州广播电视台参加发布仪式，典型事迹被贵州广播电视台拍成纪录片宣传报道。同时，通过驻村帮扶，我对农业农村及整个国民经济运行有了更直观和更深刻的了解，这对学术研究也大有裨益。

我的科研工作经历

刘杜若[①]

在这个特别的日子里，我们要回顾历史、感恩前辈。60年来，贵州省社会科学院一代代前辈学者，伏案苦耕、孜孜不辍，为我院构建了学术成果的厚重积淀。也是他们，胸怀天下、学以致用，不断建言献策，为贵州的经济社会发展做出了不可磨灭的贡献。正是他们的默默付出，才擦亮了贵州省社会科学院这块金字招牌。身为青年科研人员，在院外，我们承恩于我院前辈学者种下的浓浓绿荫；在院内，我们被泽于他们的关心爱护。我们以贵州省社会科学院为荣，以我院前辈学者为荣。

在这个特别的日子里，我们要青蓝相续、薪火相传。当前，科学技术进步日新月异，稍不留神，就会落伍甚至被淘汰；国际形势波谲云诡、改革发展任务艰巨繁重，如何最大化优化中国、贵州福利，亟待学界答题。身为青年科研人员，我们要传承我院前辈学者的科研精神，刻苦钻研、淡泊明志，以踏石有印、抓铁有痕的科研气魄，用最宝贵的青春，投身于社会科学研究事业，向党和人民交出一份满意的答卷。明天，我院的后辈学人也会以我们为荣。

我于2015年在厦门大学经济学院国际贸易学专业博士毕业后进入贵

---

① 作者简介：刘杜若，贵州省社会科学院对外经济研究所副所长、副研究员、博士。主要研究方向：国际贸易。

州省社会科学院工作，依托本院平台，我聚焦国际贸易政策的福利评估，先后以第一作者发表C刊论文两篇，《贵州日报》（理论版）论文3篇。主持了国家社科基金青年课题、中国博士后科学基金一等资助课题、贵州省社科青年课题等。所著内参获国务院办公厅、贵州省政府办公厅采纳和贵州省主要领导肯定性批示。我个人所取得的进步，和我院的平台、领导同事的关心支持是分不开的。在这里，我想和大家分享一个科研小插曲。2019年，受省领导圈示委托，我们联合相关部门，就贵州利用自由贸易协定问题开展了研究。在对40万余条贸易数据和企业调查问卷进行分析后，我们有了重要的研究发现，联合几个部门修改并最终提交了内参。这份内参获得了时任省长谌贻琴的肯定性批示。但在开座谈会之前，某单位的领导不认可我们的研究结论。我将此事向院主要领导汇报，他说："我亲自和你们去参加座谈会，有什么问题我们一起面对。"在那次座谈会上，我们以数据为支撑、以调查为基础，向与会人员充分阐述了整个研究过程。会后，有关单位还向我们要了全部数据以做核实。前不久，我接到了该单位希望长期合作做内参的邀请。我想，这就是对我们研究成果的充分肯定和认可吧！回想此事，当时和我对接内参的我院一位科研前辈的一席话让我记忆犹新。当我准备座谈会材料时，我把心中的压力和委屈向她倾诉，她说："没办法，我们贵州省社会科学院就是干这个的，我们就是站在改革的前沿的。受了委屈，正常！"

没错，我们是战士。在贵州省社会科学院这个没有硝烟的战场上，我们要用最先进的理论和技术武装自己，把我院在学术界的战线不断向前推进；我们是医生，我们要敢于亮剑，准确把脉我国、我省经济，开出宝贵良方。我们是贵州省社会科学院这片沃土上的一棵棵小树，在一代代前辈学者的匠心栽培下，茁壮成长。

再次祝福我院60岁生日快乐！

工作的乐园　成长的摇篮

田　牛[①]

作为应届毕业生，找工作是头等大事，但僧多粥少，竞争激烈，工作单位迟迟没有确定下来。何去何从，内心不免一片茫然。我在工作难觅之际，遇到贵州省社会科学院这样的高层次科研机构抛来橄榄枝，真是喜从天降！

2015年春末夏初，我找工作进入关键时期。记得当时，学校打印店的生意特别火爆，等待打印简历的同学排成长队，只是印好简历也未必能找到工作。有的单位招聘人员进入学校，招聘会人山人海无不显示工作岗位紧缺。少数毕业生为找到就业机会，打算放弃成为体制内人员，试图自主创业。我作为刚毕业的博士生，去高校找工作试讲也难做到精彩。在课堂上，我发现自己很紧张，也不善于与学生互动。所以，拿起教鞭并不是很适合我。伴随着毕业离校日期的临近，我忙着找工作，几乎是天天焦头烂额。

我先后投了20余份简历，大多石沉大海。正在几乎陷入绝望之时，幸运之神关照我，我被贵州省社会科学院录用了！可是作为毫无历练的学生，担心拉低工作单位的科研质量。我作为外省人，对贵州情况不太了

① 作者简介：田牛，贵州省社会科学院对外经济研究所研究员、博士。主要研究方向：中国近现代经济史、区域经济。

解，在工作中遇到困难怎么办？步入岗位后，记得初入贵州省社会科学院，对西南地区情况知之甚少，甚至没有去过贵州其他市（州）。生活范围很狭窄，甚至对贵阳郊外的乡村亦缺乏了解。如何避免因我的原因拖贵州省社会科学院后腿，成为我的担忧和深思。

在各位老师关心帮助下，一路走来，还算顺利。我逐渐熟悉项目写法，发现科研工作与学校学习的差异。经过深入的科研实践和各位老师的指导帮助，我逐渐走出当初的困惑和局限，逐渐掌握了科研的方法和要求。虽然效率慢，各位老师却诲人不倦地教导和帮助，帮我从迷惑中走入科研之道。工作中，我不仅学到一技之长，并且在老师们关心下获得自身的成长。也是在各位领导、同事的关心和支持下，我经过努力，获得了一项国家社科基金青年课题，这也是我对我们贵州省社会科学院的回报。希望以后更加努力，能更多地报答贵州省社会科学院。

不但是我，与我同时或先后进入贵州省社会科学院的年轻同事们也都取得了一定的学术成就。在时光流转中，我深深感到贵州省社会科学院对年轻人的关照，我们在工作中还没有完全报答单位，因为我们的能力还有所不足。在自责中，我对自身要求逐渐提高，对贵州省社会科学院的认同亦不断增强。正是在困境中，贵州省社会科学院为我提供了工作的机会，帮助我找到实现自身价值的机会，我对贵州省社会科学院始终怀着一颗感恩的心。

对青年人来说，贵州省社会科学院不仅是科研机构，也是培养人才的摇篮，还是生活、工作的乐园。我深深地爱着贵州省社会科学院！祝愿她以后涌现更多的学术成果，成为贵州谋发展首屈一指的智库。

既要脚踏实地　也要仰望星空

李迎喜[①]

刚才看了贵州省社会科学院60周年宣传片，我非常激动，也很受鼓舞。非常荣幸自己是一名社科人，也很荣幸在我院这么重要的日子、这么正式的会议上发言，非常感谢领导的信任和会议筹备组的精心安排。刚接到这个通知我其实有点意外，在贵州省社会科学院我是一个平凡、默默无闻的人，没有什么突出的事迹可以分享，但我想即使平凡如我，一转眼到明年也在贵州省社会科学院工作20年了，在这段时间里，我和同事们之间的许多回忆是独特的，对贵州省社会科学院的爱是毋庸置疑的。

一、同龄的同事们留给我许多青春的记忆和美好的回忆

我2001年大学毕业来到贵州省社会科学院，当时一起进院的有几位年轻人，到人事处报到的时候是时任人事处处长、现任副院长唐显良接待我们，他说贵州省社会科学院好几年没进新人，现在是青黄不接的时候，希望你们一方面互相学习扎扎实实做好科研，另一方面在生活上互相帮助。我很感谢一同进院的年轻同事，跟大家学到了很多东西，我青春的很

① 作者简介：李迎喜，贵州省社会科学院《贵州社会科学》编辑部副研究员。主要研究方向：中国哲学、民族民间文化。

多美好回忆也和你们有关。我印象深刻的是，大家那会儿还没有太多的钱可以在每周二、周五集中学习的时候在外面聚餐，所以我们就一起在院旁边的菜市场买菜，然后在院的宿舍里煮小火锅，大家一边吃一起畅谈，谈看什么书，谈怎么发文章，谈怎么申请课题。我们当中有的人擅长厨艺可以做好多菜，有的人多才多艺可以即兴弹吉他，有的人品味高雅会挑选精彩的电影欣赏，所以大家相聚在一起很开心。

二、哲学所的同事们教会我如何做科研

我一进院是在哲学所也就是现在的文化所，虽然后来离开了，但是我非常感谢哲学所的同事们，跟着所里的同事、老师学会了怎么做科研、怎么做实地调研。刚才前面的前辈分享了他们当时是怎么扎实做调研的，比起他们，我参与的实地调研可能不算什么，但当年的调研情景确实给我留下了深刻的印象。记得2004年，我和杜小书、赖力老师，还有外单位的两位老师，一起做一个农村小额信贷的项目，在丹寨县的老冬村调研的时候，我们为了节约时间和经费就住在村里面，准备住在村支书家，想着他家条件应该还可以，但是到了我才发现那个时候贵州的贫困村，即使是村支书家里，条件也好不到哪里去。晚上，村支书勉强给我们五个女同志腾了一间房，里面就一张床，我们只能把床让给两位较年长的老师睡，另外两位和我就打地铺，那个地板不仅潮湿，还有异味，我们还没睡着的时候，老鼠就已经开始在枕头旁边跑来跑去了。虽然很艰苦，但通过这次扎实的实地调研，我从各位老师身上学到了不少东西，他们手把手地教我们怎么样和村民打交道。比如，怎么和不同类型的村民打交道，让他们畅所欲言。如果访谈对象是农村妇女，最好准备一些日用品和糖果，这样一方面容易和妇女们拉近距离，另一方面访谈带孩子的妇女时，孩子们吃着糖

就不会老来打断访谈；又如，调研时一定要准备一把长柄伞，这样一方面可以遮雨遮阳，另一方面可以做拐杖或者打狗棒；还有，如果在访谈时碰到农户家吃饭，主人邀请就不要客气，不管菜好不好一定要吃饱，记得付费就行。因为，在农村调研吃饭很不方便，吃了这一顿不知道下一顿在哪里。总之，我在哲学所宝贵的、难忘的回忆就是和大家一起调研有关，例如一起去桐梓县、黎平县、修文县等地方，这种扎扎实实地调研是贵州省社会科学院的传统，我希望这样的传统继续传承下去。

三、在社科信息部我学到了什么是责任和奉献

2012年我来到社科信息部，也就是现在的传媒与舆情研究所从事科辅工作。科辅工作和科研工作的性质完全不同，科研工作是潜心搞自己的研究，你发表文章、做课题都是属于自己；科辅工作是服务科研工作，全凭热心、责任和奉献。比如，报省领导阅示的《社科内参》，我们花大力气帮大家修改打磨，如果得到省领导批示也不能算我们的成果，科研奖励也不会发给我们，所以，如果没有责任心和奉献精神是很难干好这项工作的。因此，要特别感谢沙飒所长，她认真负责、热情奉献的工作态度感染和影响了我们每一个人。记得有一年，我们的《政务信息》年底了还差5分才达标，为了不影响院目标考核，沙所长带着我去省政府政务信息处沟通，我们先把我院近期的科研成果拿出来供他们挑选，但是他们反映我们大部分的科研成果不适宜做政务信息，没办法，为了达标，沙所长最后说，“这样吧，你们给我们出选题，我们回去马上按照要求写，一定能按时完成任务。”最后，在沙所长的带领下，大家齐心协力，我们那年《政务信息》总算达标了。其实，像这样感人的回忆还有很多，刚才张院长说6分钟的宣传片无法概括我院辉煌的成果，我觉得5分钟的发言也无法表

达我对贵州省社会科学院和同事们之间的感情。

最后，谈一点感受，我非常同意刚才黄旭东主任讲的话，他说要仰望星空。我这两天刚好带一个来我们所实习的大学生，他问我："李老师，应该怎么样做科研?"我说："做科研要两条腿走路，既要脚踏实地，也要仰望星空。"脚踏实地就是要把论文写在大地上，扎扎实实调研，仰望星空就是我们还要理性的思考、理论的提升以及担起责任、实现我们的科研理想。就像康德所讲："有两种东西，我对它们的思考越是深沉和持久，它们在我心灵中唤起的惊奇和敬畏就会日新月异，不断增长，这就是我头上的星空和心中的道德定律。"我想这也是我一直坚守和敬畏的，争取以后能为贵州省社会科学院多做贡献。

追梦黔社科

李恒全[①]

2020年恰逢贵州省社会科学院建院60周年。9月上旬，曾亮老师将纪念建院60周年的征文通知发给我，问是否可写点什么。仔细回想，自己2019年12月才正式调入贵州省社会科学院，迄今不过九个月时间，相较于那些一待便是十年、二十年甚至一辈子的贵州社科人而言，自己在这里的沉淀和积累未免显得浅薄。可是，另一方面，自己离开公务员序列进入贵州省社会科学院工作，何尝不是一场新时代的青年追梦之旅。从这个角度，倒是有不少的感慨值得抒发。

我生在湖南，此后也一直长在湖南，直到读硕博士期间去的湖北。可以说，到28岁博士毕业之前，自己的生活和成长范围主要还是局限在传统意义上的楚地。对于贵州，除了小时候学过的成语有“夜郎自大”，以及在电视中看到的奇丽民族服饰和风物传说外，其实并没有太多的认识。但有时候人生的际遇就是这么奇妙，2016年我从华中科技大学博士毕业后，机缘巧合之下经贵阳市委组织部引进至白云区工作，从此，我便与贵州结下了不解之缘。

来贵州之初，由于刚从象牙塔进入行政系统当中，确实也产生过一些

① 作者简介：李恒全，贵州省社会科学院传媒与舆情研究所副研究员、博士。主要研究方向：公共政策、社会治理。

不适应。但很快，自己便适应了行政工作的节奏和风格。那时的我，从未想过有一天会重新拾起做研究的志趣。直到2018年年底，因工作交集，自己遇到了人生道路上的重要导师——吴大华老师，潜藏在内心深处的研究抱负才重新得到唤醒。吴大华老师是一位敦厚长者，久负盛名，对于我们这些后辈却没有一丝领导和学界大家的架子，一言一行总是蕴含对后辈的关心和提携。见到吴大华老师之后，通过请教和交流，我重新审视了自己的人生道路，终于下定决心，要重新拾起自己一度放下的研究事业。

经过将近一年的辗转，2019年12月，我终于到贵州省社会科学院正式报到，成为一名真正意义上的贵州社科人。初来乍到，面对由公务员转为事业单位工作人员带来的落差，以及工作环境的变化，自己不免又产生了失落。而在与吴大华老师的交流中，他敏锐地察觉到这一点，谆谆告诫我："男子汉一定要有定力，要趁年轻多学习，人生道路还很长，强自身才是根本。"在后面的相处中，他又无私地分享了自己的人生经验和阅历。终于使我笃定心志，正视自己的选择，埋下头来重新开启自己的研究历程。

一分耕耘，一分收获。尽管来贵州省社会科学院工作的时间不长，但就是通过这么一段时间的埋头苦干，自己却也收获了不少的成果：以个人或第一作者撰写的四篇内参及专报得到省委主要领导批示；在C刊和重要报纸杂志发表论文若干；主持完成一项省社科规划课题和一项省委领导圈示课题，且结题均获得"优秀"等次；博士后2020年7月顺利出站；入选了中央组织部"西部之光"访问学者；联系了中共白云区委和贵州省社会科学院的"院地合作"事宜……

现在看来，来到贵州省社会科学院，于我而言是因缘际会，却更似冥冥中注定。最近翻读自己硕士、博士期间的学位论文，里面致谢中曾经写到的一段话又一次让我动容："突有一日，我开始对研究中、现实中反映的某些无序、凌乱感到厌倦，并前所未有地渴求一种‘理性的秩序’。正是这渴求，使我如同在模糊中偶然见得了一点光明，照亮了自己前行的道路。我似乎意识到，自己的人生追求及意义何在！并且我还意识到，这也应该是自己转向制度化研究的终极目标，即通过追求制度在目标、规则、功能之上的合理性规范与一致性规范，为政府行为、社会行为乃至于个人行为界定清晰的方向和边界，最终推进理性秩序的实现。”

时光荏苒，一晃眼，我来到贵州工作已有三年多。回顾这三年多的时间，自己也曾一度忙于繁杂的行政工作而卸下求学时的追求。但庆幸的是，来到贵州省社会科学院以后，我又有了充足的时间和精力去重新审视一切事物，包括曾经放下的和未来所要追寻的。就这个意义而言，在贵州省社会科学院的历程，于我既是一段拾遗之旅，又是一段追梦之旅。我也会倍加珍惜在贵州省社会科学院的岁月，不负韶华，不负期许，以深沉的意志、恢宏的想象和炽热的感情，来锻造自己的青春，放飞自己的梦想！

培育的摇篮　感恩的殿堂

张琳杰[①]

2014年，作为普通硕士毕业生，怀揣科研的理想，荣幸进入贵州省社会科学研究的最高殿堂——贵州省社会科学院。在不长的时间内，作为一名新手的我，获得前所未有的进步。

刚进入贵州省社会科学院工作，我对科研知之较少，怀揣忐忑不安的心情参加工作。由于学习和工作的差异，诸多事务存在不足。工作伊始，对外经济所的诸位老师对作为小白的我关照有加，甚至亲手指导。学校和工作的差异使我一度茫然。蓝皮书、规划等方面写作和毕业论文存在差异，一时间使我陷入困惑。迷惑之中，苟以勇所长等所里老师对我伸出援助之手，在铜仁规划等项目中根据我的弱点予以针对性指导，使我尽快熟悉写作规范。

城市中生活的我，对贵州省情，尤其是对乡村缺乏了解，缺乏应有的认识，对研究造成障碍。进入贵州省社会科学院工作后，老师们为弥补我的不足，特地安排我参加部分地区调研。实践中，我学到诸多书本中未能学到的新知识。铜仁规划写作，我荣幸参与其中。在实地调研中，我深深感到学识的浅薄。乡村浓厚的乡土气息、淳朴的乡民为我提供美好的感性认识。实践中，铜仁市快速发展的经济、浓厚的文化氛围，使第一次到铜

① 作者简介：张琳杰，贵州省社会科学院对外经济研究所副研究员、博士。主要研究方向：生态经济。

仁的我耳目一新。作为贵州人，以往在书本学习的认知和实际感观存在差异，贵州快速发展的经济改变了我的认知。铜仁属于贵州的地级市，经济的高速增长为区域发展提供良好动力。无论市容市貌，或者居民穿着与以往的认识相比存在较大差异，客观地反映贵州经济社会的发展进步。作为贵州人，我的认同感进一步增强。

贵州省社会科学院为培养年轻人，特别设立了青年课题，为青年成长创造平台。刚刚步入工作和科研的我，深知自己在研究上与历练上的差距，曾经一度处于危机与迷惑之中。自身能力的薄弱与贵州省社会科学院的要求存在的差距使我紧张与担心。自己申请课题的能力与客观要求的差距使我感到巨大的压力。社科院为我们年轻人适时规划的青年课题，如同久旱遇甘霖，为小白的我创造了学习和实践锻炼的机会。虽然贵州省社会科学院在课题验收评审等方面从年轻人实际出发，给予适当的照顾和帮助。然能力有限，依旧使我颇为担心。在贵州省社会科学院提供的平台与机遇面前，我唯有变压力为动力，在短时期内深入学习相关学科知识，甚至通宵达旦地阅读有关书籍。尽管付出努力，却因为起点较低，一度担心自己课题的质量。评审前夜，我一度失眠，既担心自己的课题评审，亦担忧拉低我院整体水平。审核中，贵州省社会科学院的专家按照学术规范进行盲评和会评。因自己能力有限，未能达到贵州省社会科学院的要求，但是盲评意见却使我茅塞顿开，为未来学习和研究指明方向。在进行了针对性的修正后，我豁然开朗，既知自身的不足，亦明确了前进的方向。

贵州省社会科学院不仅是哲学社会科学综合性研究机构，而且是培养年轻人的殿堂。短短几年内，作为小白的我不仅在学业方面受益匪浅，并且在见识等方面获得诸多的历练。贵州省社会科学院尽可能地为我们青年成长量身打造发展的机遇，作为一名年轻的科研人员，受到的照顾和帮助值得一生铭记。

我的社科情缘与为学求道之梦

何　松[①]

岁月不居，时节如流。2020年，贵州省社会科学院迎来60华诞。六十载风雨兼程，一甲子沧桑砥砺，几代社科人与时俱进、求实创新、薪火相传。如今，高质量研究成果不断推出，高层次人才建设稳步推进，高标准学术交流深入开展，全方位服务决策咨询机制渐趋完善，正阔步朝着“全省哲学社会科学综合研究中心，党委、政府‘思想库’‘智囊团’和‘西南地区领先的知名智库’的目标不断迈进”！

2020年，是我进入贵州省社会科学院的第十八个年头。回首过往，感慨良多。有艰辛疲惫，亦有欣喜感动；有忙忙碌碌波澜而诗意的岁月，也有空空落落平静而淡然的日子。十八年的光景，我始终坚守初心和使命，认真履行好岗位职责，兢兢业业，不计得失，任劳任怨，尽职尽责，用心血和汗水托起了探寻新知的梦想和希望，用理论和实干诠释了社科人的使命和担当。十八年的时光，除了短期内被抽调到院其他部门或外单位工作以及被外派开展驻村帮扶工作外，一直坚守在一个岗位，于不变中求新求变，从事极为平凡的工作。

2003年7月，得益于国家宽松的就业环境和学校较好的专业就业意

① 作者简介：何松，贵州省社会科学院图书信息中心副研究馆员。主要研究方向：知识信息服务、中国文化、书法美学。

向，我很荣幸多了几条择业路径，而每一种选择都被赋予了新的期待。那时可以选择当一名中学老师，这是儿时怀揣的梦想；可以选择去高校历练，这是大学时代的追求；可以作为选调生服务基层，这是父辈寄予的厚望；可以选择去国有企业锻炼，在那里开启新的人生航向；可以选择到私营企业学习，在企业文化的熏陶下不断成长。最终，我毅然选择贵州省社会科学院。因为这里有深厚的文化积淀、浓郁的学术氛围、丰富的科研资源和广阔的成长平台，这里蕴藏着社科人强烈的文化担当精神，这种精神恰恰契合了我从小就崇尚科学热爱文化的初心愿景。无独有偶，上大学时阅读过《毛泽东文集》，其中，第二卷中“人们为着要在社会上得到自由，就要用社会科学来了解社会，改造社会，进行社会革命”这句话，正好作为读书笔记被记录下来，并深深印在脑海里，这也从思想理念上及价值观层面更加坚定了我的选择，我想我应该在这里实现人生的价值。

接到单位正式录用通知的那天，我为能进入贵州省社会科学院这样神圣的学术圣地、知识殿堂感到无比兴奋。循着理性的探索精神和对新知识渴求的美好期盼，2004年9月，进入单位后的第一篇论文获中国社会科学情报学会一等奖，并发表在核心期刊上。2005年到2006年，连续发表多篇论文，同时申报院级青年课题获准立项。看似良好的开端，顿觉自信心满满。不曾想，获准立项的院级课题结项时被评定为不合格，这对我而言无疑是一种职业选择上的否定，美好的憧憬瞬间化为泡影。此刻，我发现社会科学研究和自己想当然的并非一回事，自己并未入门。于是我斗胆向课题评审组提出申请，给我一次重新修改后再提交评审的机会，并承诺课题经费可以分文不取。院从锻炼新人的角度出发同意了我的申请，并把我列入科研“老带新”新人名单。

在课题修改过程中，我虚心求教、专心求学、细心求证、用心求变。课题评审组专家给我提出很多宝贵的意见建议，传授了大量的知识和信息，包括如何全面准确把握基础理论研究与应用对策研究的区别及联系，如何运用科学的研究方法，如何建构逻辑严密的文本结构及学术话语体系，如何利用好学术交流平台和学术资源等。我在专家学者的指导下接受了真正意义上的学术训练，很快掌握了研究方法，拓宽了学术学科视野，同时也认识到科研团队精神塑造及学术团队构建的重要作用。那时我从专家学者们身上感受到了老一代社科人学科知识的底气、学术批评的勇气、学术研究的朝气和学术交流的和气。

入职科研，首战即败，难忘的印记。可贵的是，我在这一过程中收获成长、收获智识、收获友谊。这些德高望重的专家，从与我从素不相识到面授机宜，再到后来成为科研战线上紧密合作的同事、朋友。是他们让我懂得社会科学研究既要具备丰富的知识结构和扎实的专业理论功底，也要善于借鉴和学习新的知识体系和研究方法，进而在实践的基础上，从历史、辩证、发展等视角出发展开立论。自此之后，我对如何开展科研有了新的思考和定位，撰写的文章、参与的科研项目也渐渐多了起来。这归功于我院科研工作“老带新”制度，归功于我院社科名家的扶持提携。

数历春秋冬夏，十八年转瞬即逝。永恒的是社科情，不变的是学者心。在业务工作上，我问心无愧；在科研方面，我惭愧作为一个有抱负的研究人员，一直没有确立一个为之刻苦钻研久久为功的学科研究方向，未能在理性探索精神的激励中扬沙淘金、钩沉致远，行有不得。

为学之道，必本于思。作为一名图书馆人，我时刻铭记“读者第一，服务至上”的理念，继续用生命启迪智慧，用初心涵养未来，甘为人梯，不遗余力地为科研人员提供图书文献及知识信息咨询服务。作为一名科研人员，我始终牢记“述学立论、建言献策”的使命，秉持“弘扬传统专学，探究学术真知”的理念，践行先贤之道，传承科学精神，反求诸己，以清醒的理论自觉、坚定的政治信念和科学的思维方法，在社会发展、实践深化以及历史前进的时代大潮中，坚持求理与精思相统一，为学与用世齐并进，不断锤炼科研品质，提高学识修养，努力达成“转识成智”的目标，倘若能有“新章秀句”为新时代构建中国特色哲学社会科学添砖加瓦，那当倍感欣慰。

那一抹绿意

罗 凡[①]

2020年9月的贵阳，拂帘而入的一丝凉风吹醒了正在整理过往思绪的人儿，记忆随着落叶的飘零从指尖轻缓流过。

犹记两年前的春末夏初，带着对社科工作的憧憬，我踏上了平凡而不平庸的岗位。从最初锻炼的行政岗到去年回归科研岗，其间种种，仿若昨日，心念之，感怀之。单位门口小卖店阿姨的早安问候，如一阵清风惊醒一帘幽梦，带我迎接一天的美好；停车场值班大哥的点头微笑，如一朵夏花开在心间，带我开启一天的快乐；电梯前同事的挥手问好，如一缕阳光穿过心房，带我感受一天的温暖；办公室室友的亲切关照，如一杯美酒滋润心田，带我消除一天的疲惫；部门领导的一句肯定，如一个充满信心的气囊，为我灌输勇气，使我信心充沛。

然而，这一路走来，始终萦绕心间的温暖当属那一抹绿意。

那是两年前的初秋，在同事大姐的暖心赠予下，我与这绿意结缘了。它是一株我们都叫不出名字的绿草，被种在一个很普通的塑料花盆里，放置在一堆花草中显得并不起眼。大姐允我从中挑一盆，我便鬼使神差地选中了它。爱人见我拎着一盆野草回家，不屑的眼光似乎在说：这种野草漫

① 作者简介：罗凡，贵州省社会科学院民族研究所助理研究员。主要研究方向：民族学。

山遍野都是，种在家里非但不养眼还会招来蚊虫。而他有所不知的是，这株所谓的“野草”，在之后的生活和工作中，给了我多大的鼓励和支持，照亮了我那段迷茫的日子。

人生中第一次课题报账，使我陷入了一段时间的烦心和惆怅之中。由于毫无经验及惰性使然，在报账截止日期临近的前两周，由我接手的课题仍未完成。在处理日常工作的同时，还得一边码字一边收集整理各种票据，而另一边，还有生病的家人需要照料。其时，烦乱思绪一叠又一叠堆积，好似风雨中含苞的花蕾，想要抓住那怒放的生机，冲破那重重阻碍，绽放出最绚丽的色彩。然而，随着时间一点一滴地流逝，眼前的任务却进展缓慢。

周末的清晨，阳光透过树叶的缝隙洒落到窗前，习惯赖床的我早已起身坐在窗边盯着电脑屏幕发呆，彼时，心不在焉的思绪中忽然飘来一种莫名其妙的动机，如同一杯无糖的咖啡，苦涩中品味出一股幽香，使人回味绵长。不经意地扭头一看，窗台上的绿植不知何时已萌出新芽，或许是近段时间对其疏于关照，而它却在这烦闷之际给予我一丝安慰：一株毫不起眼的绿植，无人关心，无人疼爱，但它却极力地生长，努力地引人注目，证明自己的存在。植物都有如此拼搏向上的勇气，我为何还在抱怨眼下正经历的一切？困难来临，不就是需要我们保持清醒的头脑，用毫不退缩的勇气和信心满满的干劲去一一克服，让别人看到你身上的闪光点，证明自己不惧挑战的能力？

豁然开朗的心情好似插上了一双翅膀，带动一行行如花的文字在指尖绽放。很快，我就提交了课题成果，也顺利地拿到了结项证书。工作空闲时间主动向同事问询报账相关事宜，几番折腾，几经等待，终于将那叠沉甸甸的票据交到了财务手上。而此时，已是子夜，腿伤的爱人已在几天前恢复了自由行走，住院的母亲翌日也将出院回家休养，一切又都变得如此美好。

是那一抹绿意，是那一株绿植，是那一盆野草，让我看到了生命的悸动，让我明白了成长的意义。于是，我不再忽略它，不再任它被随意称呼，为它取名“向荣草”，欣欣向荣之意。我满怀感恩，满怀感动，想要拥抱眼前的幸福。感恩赠予我“向荣草”的暖心大姐，感恩工作中给予我关怀与帮助的领导和同事，感恩家人的陪伴和支持，感恩成长路上努力的自己。知足者，常乐！

周年·有感

张智勇[1]

贵州省社会科学院是一个充满智慧和活力的地方，这里科研成果丰硕，人才荟萃，平台广阔。对于学术的自由和追求是我从基层部门考入贵州省社会科学院的最大动力。经过两轮鏖战，终于在2019年10月顺利考入理想中的“思想库”和“智囊团”。虽然有过工作经历，但为了能更好地了解和融入贵州省社会科学院的工作，我与其他新来同事一道被安排到行政部门锻炼一年，我锻炼学习的部门是科研处，这里是科研工作者开启研究和实现成果转化的平台和桥梁。

初见，美好怡然。我工作的场所在行政楼502办公室，主要从事科研项目管理等事务。时间过滤了那些琐碎细小的事情，留下经典供我们慢慢品味。当我踏入科研处，翻开《贵州省社会科学院院史》，发现这里实则也是贵州省社会科学院研究者们的研究史，许多研究话题虽然跟随着时代的变迁而略显陈旧，但是细细品读，其研究精髓和理论精华依旧历久弥新。库房中躺着的科研档案记录着60年来社科人的点点滴滴，这些珍贵的原始文献和科研成果真实地再现了贵州省社会科学院的历史，让人深切地感受到贵州社科人的科研情怀。

① 作者简介：张智勇，贵州省社会科学院民族研究所助理研究员、博士研究生。主要研究方向：民族经济。

浅尝，美好依然。入职后接到的第一个较紧要的工作任务是举办全国性的第七届“中国·贵州‘后发赶超’论坛”活动。刚入职，工作环境不熟悉，工作伙伴不熟悉，工作流程不熟悉，服务对象不熟悉，所幸携着初生牛犊不怕虎的强劲，抱着敏而好学、勤学多问的态度，在领导和同仁指导帮助下，顺利完成了中国社会科学院科研局领导莅临贵州出席学术活动讲话稿的撰写，提交了《中国社会科学报》的新闻初稿，撰写了《后发赶超·第七辑》综述等工作。并努力践行领导叮嘱的“你是一个新人，科研处的工作繁重复杂，学会借助此次活动让大家认识你，打开局面……”不知道当时是否达到了这个要求，但我对这个活动的印象是非常深刻的，是非常快乐的回忆。

融入，明媚欣然。艾青曾说：“为什么我的眼里常含泪水，因为我对这土地爱得深沉。”我想我也是深沉地爱着贵州省社会科学院，爱着这份工作，我应该更珍惜、更用心、更负责地把工作做好。在科研处的这一年，有两件事印象深刻。其一是2019年10月，为了能尽快提交贵州省首批新型特色高端智库的申报材料，由于时间紧迫，我大中午就跑去敲院党委书记吴大华的办公室门，正值午休时间，在我还没有来得及解释时，他说“没事儿，工作要紧”，一下就把我紧张的心情给释放了。在全院上下齐心协同努力下，后来我院提交的“国家治理体系与治理能力现代化地方实践高端智库”成功获批成为贵州省首批4家新型特色高端智库之一。其二是2020年2月10日，正值疫情期间的第一天值班，我在行政楼502办公室整理国家社科基金项目预申报材料，党政办副主任汪普进陪同省纪委省监委派驻第三纪检监察组副组长刘刚来检查值班情况，随后因汪主任有其他工作，安排我陪同刘组长走访全院值班情况，这是我第一次走完全院所有楼层和办公室，也是第一次知晓了全院职能部门和科研部门的基本情况。

浸润，兴味酣然。2020年7月，算是我人生中的又一愿望得以实现，我终于考上了重庆工商大学区域经济学博士，迎来了一次自我更新、自我提升的机会。在这收获的时刻，我始终坚信，是贵州省社会科学院给了我这个机会，给了我这个平台，给了我不断提升自己的勇气，同时也给了我好好学习的时间与后勤保障。因此，我心存感恩，感恩这里良好的工作环境、感恩这里自由的思想殿堂。我要努力抓住这次学习机会，不负时光，不负期许，用实际行动来回馈贵州省社会科学院、回馈社会。

回首，恬静淡然。回首过去，那些纯真灵透的往事，经岁月的修琢，更加明净清绝。沉静如斯，偶尔在心里掀起小波澜，甚美！春山可望，曙光在前。贵州省社会科学院是社科人和社会之间和他人之间进行交流的桥梁，是社科人显示自己魅力的舞台，是社科人美好家庭的后台，是社科人提升价值的增值器，是社科人安身立命的地方。有梦想就有希望，有信心就有力量，有奋斗就有未来！古人云："不积跬步，无以至千里""路漫漫其修远兮，吾将上下而求索"。我将不忘初心，继续前行。

从1960年6月28日成立中国科学院贵州分院哲学社会科学研究所以来，贵州省社会科学院走过了60年，也正值我来到这里一周年。贵州省社会科学院在一代代社科人的陪同下走过了60个春夏秋冬，这里不仅记录着贵州省社会科学院的60年历史，也记录着一代代社科人的科研史。人生的目的，一是欣赏沿途的风景，二是抵达遥远的终点。人生的奥妙，在于寻找最适合自己的速度，莫因疾进而不堪重荷，莫因迟缓而空耗生命。在此结尾之时，想起范文正公的诗："一派青山景色幽，前人田地后人收。后人收得休欢喜，还有收人在后头。"学术的积累与传承是永无止境的过程，谨以此文祝贺贵州社科人的花甲之春。

收获与展望

陈其荣[①]

韶光流转，盛事如约。2020年，时逢贵州省社会科学院建院60周年。60周年华诞，是承前启后、继往开来的里程碑；是团结奋进、再创佳绩的新起点；是凝心聚智、彰显智囊的新契机。60年前，社会科学人与社会科学院共同诞生、共同呼吸、共同成长；60年间，几代社科前辈薪火相传、开拓进取、励精图治；60年来，数百位社科人砥砺耕耘、求索创新、携手向前。60岁的贵州省社会科学院或显年轻，没有百年积淀，但却是服务地方经济社会发展的思想库，是成长在西南大地上的重要智囊团，是闪烁在黔中沃土上的一颗闪耀明珠。花开花落，岁月章回，“雄关漫道真如铁，而今迈步从头越”，今天的贵州省社会科学院不负时代的期望，今天的社科人不负组织的培养。

2019年9月，清晰记得刚迈进贵州省社会科学院的情景，行政楼里忙碌但有序、科研楼中严谨且求实、图书信息中心静谧而专业，每个场景都是贵州省社会科学院的生动写照。时至今日，我加入贵州省社会科学院已有一年有余，在“社科人”光环下逐渐成长，倍感荣幸，也体会了每份荣耀背后的酸甜苦辣，更加珍惜今天来之不易的机会。一年来，我先后在院

① 作者简介：陈其荣，贵州省社会科学院城市经济研究所助理研究员。主要研究方向：城市经济、区域经济、旅游经济。

原后勤处和党政办两个部门学习锻炼，从公积金调整到规范盖章、从后勤服务到准备考核材料、从会议方案到写新闻稿、从办公用品发放到餐券印发等等，每一项细微工作对我都是新的挑战，面对我的茫然与迷惑，各位领导都耐心指点、帮助和鼓励，使我能按时完成领导交办的各项工作。一年多的学习锻炼经历，让我从工作之初倍感彷徨、犹豫和失衡，转变为现阶段的目标清晰、坚定和有序，经历了从学生到社会人的角色转变，也收获了成长。在此，一并感谢一年多来勉励我、帮助我、指点我的各位领导、前辈和小伙伴，谢谢你们！

未来，我将不负芳华、砥砺前行，力争做一个“不安于事”的社科青年。一是时刻怀着学习的“海绵心”。时代在发展，知识不断更新，做到不断学习，不断向书本求知、向领导求帮、向同事求教、向实践求真，摆好心态、端正态度、结合工作，不断积累在城市经济学、区域发展管理等方面的相关知识，不断吸收、持续消化、参考借鉴并为我所用。二是常怀思考的“牛顿心”。在工作和学习过程中学会思考、不断思考、换位思考，将思考贯穿工作和学习的全过程，连接起每一项工作的目的、方法、效果和价值，还要善于总结和发现规律，寻找工作之间的相通相似和相融之处，只有见微知著才能触类旁通。三是常怀做事的“钉子心”。坚信每一项工作都有其存在的特定价值和意义，做好每一份细微工作，把每一项工作、每一份需求、每一次尝试都尽力做到更好，让自己走出身体的舒适区和思想的舒适区，做到知行合一。

岁月章回，60岁的贵州省社会科学院卓然不凡，60岁的贵州省社会科学院倡导研精覃思，60岁的贵州省社会科学院召唤传承与创新，相信每个社科人都将在回望来时的路上，展望未来信心百倍，都将用自己的青春和汗水再创新的辉煌，用知识和智慧续建发展的智囊，用豪情与壮志抒写壮丽的篇章。

凝聚青春力量　奉献社科事业

洪泽宇[①]

2020年是不平凡的一年，突如其来的新型冠状病毒肺炎疫情作为一场大考，不仅集中检验着我国治理体系和治理能力，同样也在考验着党和国家坚持以人民为中心的凝聚力。2020年，贵州省社会科学院以攻坚克难的勇气迎来了自己的第60个华诞，60年来一代又一代的社科人用辛勤的努力把贵州省社会科学院一步步打造成省委、省政府的智囊团，为贵州省重大决策的研究和部署提供了重要的智力支持，同时成为贵州省重要的哲学社会科学研究基地，在贵州省社会科学研究领域取得了累累硕果。这是我身为一名贵州社科人的"高光时刻"，我为贵州省社会科学院今天的辉煌成就感到无比的自豪和骄傲，同时也希望通过我们这一代人的努力把贵州省社会科学院建设得更加美好。

转眼，我进入贵州省社会科学院已经一年有余，和许多已经在院里工作二十年、三十年的前辈相比，我这一年显得十分短暂，但是个人和单位的感情是不能单纯用时间来衡量的。对于一个刚刚毕业步入社会的青年人来说，选择一个工作单位，确定一个就业方向是无比重要的，甚至关乎自己的一生。都说一个幸福的人，是白天做着喜欢的事情，晚上见到喜欢的

---

① 作者简介：洪泽宇，贵州省社会科学院文化研究所助理研究员、博士研究生。主要研究方向：中国哲学、党的建设。

人，那么，选择一个好的单位，一个幸福指数爆棚的单位，终生的幸福就已经有了一半保障。或许是命运的注定，也是缘分的牵引，2019年8月，通过面向社会统一招考，我有幸成为贵州省社会科学院的一员，也就是从那时起，我就已经收获了自己人生的一半幸福。这个幸福不仅在于找到一个充满活力的集体，一群可爱友善的同事与和蔼可亲的领导，更在于，我终于选择了自己钟爱的工作，找到了自己愿意为之奋斗终生的事业——哲学社会科学事业。

在这里，我从一名稚嫩的毕业生，成长为一名社科人。从第一次申报课题，第一次实地调研，第一次参与考察，第一次参与职称评审，第一次撰写论文，第一次发表文章，越是经过了许多忐忑的第一次，越明白自己和那些学富五车、博古通今的前辈相比，有着多么巨大的差距，这些人是我高山仰止的对象，也是我前进不息的榜样。

在这里，得知贵州省社会科学院支持和鼓励青年继续深造攻读博士，这一举措深深触动着我的内心，毫无疑问，中国要实现社会主义现代化强国，离不开人才的培养，科技的创新。既然机会就在眼前，我定不会错过，也定当把握住好机遇。在攻读博士的道路上，我愿一路走一路摸索，面对巍峨的学术高山，“书山有路勤为径”，等待着我的将是进一步勇敢的攀登。

在这里，我要学好本领，提升技能，将自己最美丽的青春融入中国梦。面临着新时代、新思想、新征程，每一个“新”都给当代青年带来了挑战和机遇。作为新时代中国特色社会主义的建设者，不但要坚定理想信念，坚持以正确的世界观、人生观、价值观来引导自己的选择；而且要练就过硬本领，夯实理论基础知识，掌握基本技能，不断提高与时代发展和事业要求相适应的素质和能力；同时，要勇于创新创造、艰苦奋斗，更要勇于解放思想、与时俱进、开拓进取；此外，还要锤炼高尚的品格，保持积极的人生态度、良好的道德品质、健康的生活情趣。

在这里，我真正体会到一名社科人的责任担当。作为新时代的社科人，我们要明白自己想“成为什么样的人才，怎样成为这样的人才”。新时代的贵州省社会科学院要“繁荣发展哲学社会科学，打造贵州特色高端智库”，青年一代正处于人生发展的黄金时期，应该不断努力奋斗拼搏。

新时代的大幕已经拉开，新征程的号角已经吹响。愿我们每位社科人不忘初心，牢记使命，共同建设贵州省社会科学院美好的未来，在贵州决胜脱贫攻坚、同步全面小康，奋力开创百姓富、生态美的多彩贵州新未来和实现中华民族伟大复兴“中国梦”中体现我院青年的责任与担当!

虽然贵州省社会科学院的过去我没有参与，但是它的未来我一定不会错过。时光荏苒，感恩长存，祝愿贵州省社会科学院迈向更加光明的未来。

贵州省社会科学院是青年成长成才的摇篮

宋鹏程[①]

刚到单位时，院里为每人发放了一套院史书籍，让我们加深对院史的了解。刚才大家的发言，讲述了前辈们在不同的时期风雨兼程、砥砺奋进的历程，更是一部生动的院史展现。

虽然来院工作时间不太长，但我深刻地感受到院里对我们青年人润物细无声的悉心培养和关爱。领导认真为我们审阅文稿，手把手教授写作技巧；开展政治家访，关心我们的生活；节假日前夕，悉心嘱咐我们相关注意事项。总之，切身感受到贵州省社会科学院大家庭的温暖。

这期间，我看到了社科人强烈的责任与担当。看到了《贵州脱贫攻坚70年》等一系列高质量理论成果出版发行；看到了院领导到帮扶村蹲点调研，和当地党委政府、干群一起谋实招、酬资金、促脱贫；感受到了院入选脱贫攻坚群英谱先进典型的先进事迹和扎实的工作作风；看到了院举办全省社科理论界学习贯彻党的十九届四中全会精神座谈会等学术活动，及时发出贵州社科好声音；参与了甲秀智库青年论坛和青年理论学习小组的系列学习、实践活动；看到了院三级宣讲团队深入农村、企业、社区、学校、机关，高密度宣讲宣传党的创新理论；看到了支部为党员过“政治

---

① 作者简介：宋鹏程，贵州省社会科学院机关党委工作人员。主要研究方向：党的建设。

生日”，党员的先锋模范作用不断得到发挥；感受到了科研、管理、服务各项工作的快速有序发展。在贵州省社会科学院大家庭里，在院领导的关心指导下，在同事们的帮助下，我们青年人在这里成长、成才。

下一步，我将学习前辈们“士以弘道”的价值追求，立足工作岗位，以更加坚定的信念和更为饱满的激情，踏踏实实、勤奋学习、用心动脑、努力工作，坚守初心使命，只争朝夕，不负韶华，为贵州省社会科学院美好明天添砖加瓦！

第六篇 > > > >

驻村干部说：志智双扶助力脱贫

我和大家上龙吟

唐显良[①]

龙吟，即贵州省黔西南布依族苗族自治州普安县龙吟镇。该镇位于普安县北部，素有“普安北大门”之称，是苗族人口聚集的乡镇。2010－2014年期间，龙吟镇曾是贵州省社会科学院的党建扶贫点、“帮联驻”（部门帮县、处长联乡、干部驻村，亦称“挂帮”）联系点、驻村帮扶点和社科专家走基层活动地点。因工作关系，在2012年前后几年间，我曾多次带挂帮工作队员和组织单位同事上龙吟开展帮扶、挂帮、调研、慰问贫困户和督促检查指导工作（以下简称帮扶、帮扶工作或帮扶活动），有些“片段”，一些“场景”一直印在脑海里，难以忘怀。

何为上龙吟？乘车从贵阳去龙吟，要经过普安县城。贵阳到普安县城全程约226公里，开车大约需要三个小时。再从普安县城去龙吟还有45公里山区公路，开车大约需要两个小时。当车辆从县城开出，行驶20分钟左右，下完一个长坡，沿普安至水城公路行驶去龙吟，一路上，车辆多半是在上坡路段向北行驶，故称上龙吟。

在我的记忆中，上龙吟开展帮扶工作曾出现两次“意外”。一次是“走错路”。2011年10月15日上龙吟，因人生地不熟，走错路。当天，沿

---

① 作者简介：唐显良，贵州省社会科学院党委常委、副院长、副研究员。主要研究方向：党的建设、民族文化。

着普水公路行驶1个多小时，大家以为快到龙吟了，车辆离开主路进入辅路，开了15分钟左右，才发现在往晴隆县花贡镇方向行驶，于是不得不返回，继续往龙吟方向开。这一往一返，耽搁了半个小时左右，但印象深刻，以后上龙吟，再也没有迷路。虽然未到过花贡，但之前我知道有这么个地方。单位的一位同事和我聊天时，曾多次跟我说过，他打小就生长在花贡，那里有花贡农场，他是农场子弟，所以我对花贡这个地名印象也就深刻。

另一次是"雨中行"。2011年10月27日上龙吟，途中遇到下雨天气，半路上雷雨交加，雨越下越大，车辆在雨中行驶，又没有服务区可停下休息，只能冒雨前行，途经龙吟镇镇政府所在地红旗社区时，为赶路仍继续行驶，一直到目的地龙吟镇高阳村委会时，雨还在下。这大概是几年间上龙吟遇到的最大一场雨，至今还想得起当时的情景：那一车人，那场大雨，那段行程……

在我的工作笔记里，记录上龙吟开展帮扶工作，参与者曾两次夜宿农家。这两次帮扶活动，每次有20人左右参加，每个村民小组安排贵州省社会科学院的两三个挂帮干部晚上住宿在老乡家。因这些年来，组织开展帮扶活动，一般当天活动结束便从村寨或农户家中返回乡镇住宿，那两次安排参加帮扶活动人员在农户家住宿实属少见。亦因如此，我想多费些"笔墨"，多占些"篇幅"，做如下概述。

一次是2011年10月27日，贵州省社会科学院从党政办、社科信息部（现为传媒与舆情研究所）、人事处、监察室、法律所、科研处、后勤处（现并入党政办）、党建所（现为马克思主义研究所）、院刊编辑部、图书信息中心等部门抽调20名同志组成挂帮工作组，于当天下午深入龙吟镇高阳村红岩组、红星组、跃进组、坪山组、前进组、大田组、峦箐组、李家组八个村民小组，开展帮扶调研走访活动，晚上入住农户家。

另一次是2011年11月10日，贵州省社会科学院从区域经济所、城市经济所、农村发展所、离退休干部处、西部开发所（现为对外经济研究所）、历史所、机关党委、社会所、文化所等部门抽调18名同志组成挂帮工作组，于当天下午深入龙吟镇石古村的庄田组、大田组、大洼组、新寨组、虎田组、渔田组、云盘组七个村民小组，开展帮扶调研走访活动，晚上入住农户家。

当天和第二天，我在新寨开展帮扶调研，由家在新寨的石古村委会副主任马荣志和新寨村民组组长王光友陪同，他俩带我们进村入户了解情况，到田间地头调研，并向我们反映存在的困难，提出希望解决的问题等。晚上我和当时在西部开发研究所的王俊博士在王组长家住宿。那天晚上我们和王组长一家人拉家常，聊得较晚。聊得较多的话题是当地种植养殖业、民族习俗、风土人情和村民外出打工等。碰巧的是，当天普安县的一位领导到龙吟调研，他听说贵州省社会科学院挂帮人员住在老乡家时，晚上给我打电话，了解帮扶情况，询问住宿是否安排好了，还说住宿条件差，要不要回镇上来住，我一一做了回答，并感谢县领导的关心。

值得一提的是，上龙吟开展帮扶活动，单位要求注意安全，不得出现安全事故。因此，安全及相关注意事项需要常提常讲，做到活动方案上写，动员会上讲，途中车上说，到达目的地更要提醒，马虎不得。在2011年11月印发给大家的《我院抽派干部挂帮普安县龙吟镇石古村实施方案》里，我写了几行“打油诗”，提醒活动参与者注意安全及相关事项，颇觉有趣，转录于下。

温馨提示

出门在外，安全第一；

证件齐全，随身携带；

天气渐冷，谨防感冒；

常用物品，有备无患；
入乡随俗，落地生根；
乡下艰苦，随遇而安；
车辆安排，女士优先；
发扬风格，共建和谐。

时光荏苒，日月如梭。我参加贵州省社会科学院在龙吟开展的系列帮扶活动，已过去多年。当年参加活动的同事，有的已退休，有的近年退休，余下的大多是四五十岁的人了。想必活动参与者还有印象吧！还记得活动吃住在农家，每人每天支付食宿费不少于60元吧！我曾有幸作为机关党委的一员，和当时在机关党委工作的同事聂昭汇、汪普进组织了上述两次规模较大的帮扶活动。在院党委、院行政的高度重视和各部门的大力支持下，在龙吟镇党委、镇政府和高阳村、石古村村支两委及各村民小组的大力支持与积极配合下，帮扶活动得以如期顺利完成。至今，提到龙吟，我便会自然想到当年组织参加帮扶活动的情形。每当想起，既惭愧，又难忘。惭愧的是，没能为龙吟做出像样的成绩，没能为当地老百姓做多少实事、解决多少困难；难忘的是，“夜宿农家”仿佛就在昨天。如今更多的是期盼，期待有“中国苗族第一镇”之誉的龙吟镇建得成、建得好，犹如歌中唱的那样，“越来越好，咪……越来越好，咪……”

以上与读者分享我和单位同事上龙吟开展帮扶工作的一些“片段”“往事”，旨在让读者感受到贵州省社会科学院帮扶工作既“接地气”，亦颇鲜活。至于贵州省社会科学院帮扶普安县的情况，包括帮扶举措、成效、经验、感悟等，在2020年9月，由单位组织汇编、人民日报出版社出版的《脱贫攻坚·我们在行动》一书的上卷，做了较系统、较全面的介绍，可供读者阅读了解，可供同事参考借鉴，可供单位作院史资料。

走在希望的土地上　把文章写在田间地头

张登利[①]

2018年年初，根据单位安排，我作为同步小康驻村工作队副队长，被派驻到黔西南布依族苗族自治州兴义市敬南镇海子村担任第一书记，同时挂任兴义市委常委、副市长、敬南镇脱贫攻坚指挥长。春寒料峭，大地尚未复苏，我们背上简单的行囊，踏上了脱贫攻坚第一线。如果没有驻村帮扶，我和所有同志一样，在城里相对规律的工作中早九晚五后，或与朋友相聚海阔天空，或与家人霓虹灯下闲庭信步；如果没有踏入贫瘠的村庄，没有切身体会这里生发的贫困，那扶贫于我们而言只是一个符号，抑或只是媒体里的一个光影，并不会如此触动神经。荆棘塞途，立志拔钉抽楔。自此，在这片贫瘠的土地上，多了孤独的身影，或是穿梭于大山之间，或是往返于乡村之间，抑或是行走于农户家里，聆听村民对美好生活的诉求和向往，也看到了贫困户生活的艰辛与对发展的渴望。

“最开始也很忐忑，加上自己正在攻读博士学位，孩子又正是需要精心培育的时候，一下子从贵阳搬到兴义住，还是去的农村，首先家里人就更担心了。”对于首次出征，我记得曾经如此述说自己焦虑不安。但我很幸运有个豁达美好的家庭，家人们不但从思想上帮我减包袱，父母还主动

① 作者简介：张登利，博士，贵州省社会科学院区域经济研究所原副所长、副研究员，现任贵州省三穗县委常委、常务副县长。

提出带着孩子一起到驻地来支持我，这样一来，“一人上前线、全家总动员”的模式彻底解决了我的后顾之忧。有了家人的帮助和支持，我便可以全身心投入紧张的脱贫攻坚战役之中，白天外出开展工作，晚上写论文也就成为生活常态。尽管十分辛苦，但反而觉得比之前的生活更接地气，更加充实。

一、大兴调研之风，做到“快融入”

贵州省社会科学院是省政府直属的全省唯一综合性社会科学研究机构，承担着组织、协调全省社会科学研究和向省委省政府报送重大研究成果的职责。自从2018年3月中旬驻村工作队进驻敬南镇以来，紧紧围绕“脱贫攻坚是全省当前最大的政治”这个中心工作，充分发挥智力资源集中的优势，助力脱贫攻坚和乡村振兴。党的十九大报告提出实施乡村振兴战略，为贯彻落实中央精神和强化规划引领的作用，根据省委、州委和市委意见、实施意见和规划，各驻村第一书记经过深入细致的调研，结合五个贫困村实际情况，由院里资助规划编制经费5万元，分别由各村第一书记编制了《海子村乡村振兴规划》《水淹凼村乡村振兴规划》《白河村乡村振兴规划》《菜子湾村乡村振兴规划》及《巴布村乡村振兴规划》。同时组织驻村队员参与兴义市《关于全面实施科教兴市战略的行动方案》《兴义市新型城镇化建设国家试点经验总结》等多项课题项目。

在“两不愁三保障”大调研活动中，认真学习并领会文件精神，作为兴义市敬南镇脱贫攻坚总指挥长，第一时间组织全镇各级职工培训，传达文件精神，安排部署大调研活动。依托市人社局包保责任人，分8个组对海子村703户进行全覆盖的调研，对农户的住房安全、饮水安全、医疗、教育保障进行拉网式普查。并在此基础上完成了各村的《贫困村经济社会发展报告》，以指导各村在脱贫攻坚和乡村振兴衔接的关键时期的可持续发展。

二、整合爱心力量，向贫困户及村级产业发力

一是本院职工积极捐款帮扶。在院党委的号召下，组织全院干部职工积极捐献爱心，共计募捐资金9.15万元，主要用于村级合作社产业发展。二是积极发动社会爱心人士捐款。驻村工作队长吴大华书记带头通过微信、朋友圈等形式积极发动社会爱心人士募捐，活动开展不到半月，募集到社会爱心人士帮扶资金9.74万元。三是积极对接爱心企业到兴义市敬南镇帮扶。2020年8月暑假期间，协调10名兴义市农村留守儿童及2名家长参加由天港基金会举行的“橙计划”8天夏令营活动，每人所需经费1万元，共计12万元所需经费由中国儿童慈善基金会提供，且确定了今后每年邀请部分“成长之星”参加此夏令营活动，并通过社会各界的力量帮助孩子达成心愿。联系北京爱心人士，帮扶11名贫困学生并逐一入户走访，发放助学补贴2万余元及书籍书包等物品。

三、积极协调，争取政策支持

（一）在充分调研的基础上，结合各村发展需要，积极协调相关部门，助推村级产业发展

海子村是高效玉米种植示范基地，每年的秸秆产量多，但广大群众的思想不够解放，秸秆直接还田难度大，加上秸秆直接还田，给病虫害孕育、传播和交替发生提供了大量机会，秸秆焚烧等情况屡禁不止。为解决存在的问题，我带市农委、市能源站等相关单位的同志到省农委对接汇

报，积极争取2019中央财政农作物秸秆综合利用项目。在海子村依托奥科生态农业发展有限公司平台，建设秸秆收储点1个，并建有机肥加工厂房。同时，引导农民及其村级合作社种植精品蔬菜、精品水果，实现“秸秆回收 —— 肥料化利用 —— 有机肥还田”的良性循环。

在驻村工作队队长吴大华书记的帮助下，积极与中国人寿保险公司黔西南分公司联系，为敬南镇海子村、巴布村、白河村、菜子湾村、水淹凼村五个村的低保户共488人购买了金州特惠险的保险，保资11.7万元，每人保险金额24万元，保险金额1.17亿元，为建档立卡贫困户人员提供了人身安全保障。

（二）围绕产业发展重心，积极向上对接

贵州被誉为“国家东桑西移后期工程的最佳承接地”，蚕桑产业是最适合贵州气候和土壤条件的产业之一。目前，广西的蚕桑产业正呈现出逐渐往贵州转移的趋势。驻村队员密切关注这一产业转移现象，贵州省社会科学院设立了院级重点课题《贵州蚕桑产业发展研究》，研究报告的简本《关于加快推进我省蚕桑产业发展的报告》得到时任副省长吴强的批示。贵州省社会科学院召开了两次蚕桑产业推进会，积极去省发改委、省农委、省扶贫办、省林业厅等部门争取政策支持，带领村支两委前后三次去安龙考察蚕桑产业发展，并联系浙江丝绸企业来敬南镇考察蚕桑产业发展。

四、强化基层堡垒，大力开展党建扶贫工作

大力实施扶贫先扶智战略。一是积极筹办了生态文明国际论坛兴义分会场，更好地展现了兴义好形象、发出兴义好声音。二是带领兴义市相关干部到红旗渠干部培训学院、焦裕禄干部培训学院、大别山干部培训学院

等机构考察学习，建立兴义反贫困干部学院，充分发挥贵州省社会科学院智库的资源优势，将先进研究成果直接传输到兴义市的干部手里，将“干部培训”转化为推进兴义脱贫攻坚的强大动力。三是抓好基层党建，多次到村民中宣讲党的十九大精神和兴义市委八届六次全会精神。四是邀请贵州省农科院、山东省农业专家、茶产业发展的专家等到村指导。五是开展“不忘初心勇担当·脱贫攻坚有作为”党支部主题党日活动。到五个村开展蹲点调研、商讨产业扶贫、遍访和结对帮扶及慰问困难党员和贫困户。

以脱贫攻坚的实绩践行共产党人的初心使命

雷双松①

2018年年初，我被选派为2018 – 2020年同步小康驻村队员，驻村“第一书记”。当时，贵州省黔西南布依族苗族自治州兴义市敬南镇白河村作为全省三类贫困村，贫困发生率为16.4%，产业发展停滞不前，集体经济一度为零，群众普遍存在“等、靠、要”思想，贫困如缠身的病魔，成为人民群众对美好生活向往路上的“拦路虎”。我怀着强烈的责任担当和对贫困群众的深厚感情，坚持党建引领，聚焦产业发展，带动农民增收，开创了白河村产业发展新模式，用脱贫攻坚的实绩践行共产党人的初心使命。

一、一片初心，诠释共产党人的“忠”与“孝”

我参加驻村帮扶时，父亲因病在贵州省人民医院ICU病房抢救，女儿也尚年幼。一边是割舍不下的亲情，一边是全面脱贫攻坚战的紧迫需要。为了积极落实党组织的安排，我将奔赴脱贫攻坚前线的事告诉当时病危的父亲，作为人民教师的父亲，拉着我的手语重心长地说：“你是党员，对

---

① 作者简介：雷双松，贵州省社会科学院党政办副主任。

党和人民的忠诚，就是对我们最大的孝顺。”有了父亲的鼓励，我毅然来到离家300多公里外的白河村驻村，挑起了整村脱贫的主担子。我到岗后，快速融入脱贫攻坚工作，通过真蹲实驻，将“初心”和“使命”融入脱贫攻坚全过程，用脚步丈量民情，用实干赢得民心，带领全村走上乡村振兴之路，用一片初心，诠释了共产党人对党和人民的忠诚。

二、一纸蓝图，描绘白河村美好未来

思路决定出路。我来到白河村后，发挥贵州省社会科学院智力优势，积极宣传党的路线、方针、政策，采取多种形式宣讲党的创新理论，让党的创新理论在基层落地生根，激发村民干事创业的内生动力。在院经费的支持下，紧扣国家和贵州省乡村振兴战略，编制《白河村乡村振兴规划》，做到谋求发展规划先行，有效避免了边发展边治理的困局；真切关注民生，带领干部对白河村“两不愁三保障”进行全覆盖排查，并形成了《白河村脱贫攻坚“两不愁三保障”调研报告》，提出了及时有效的整改措施，确保了“两不愁三保障”政策落实到位；围绕基层党建和产业发展，撰写《脱贫攻坚与乡村振兴有机衔接调研报告（白河村子报告）》，为白河村进一步发挥乡村振兴示范村的作用提供有益参考。

三、一头白发，成就白河村绿水青山

2018年3月来白河村驻村之前，其实我的黑发还很多，现在头发快全白了。这两年多来，我带领干部群众摆脱传统生产的老路，坚持绿色发展理念，牢固树立“绿水青山就是金山银山”的绿色发展理念，与村支两委、五人小组，通过召开群众会议、田间地头宣讲、入户走访等方式，认真当好绿色发展理念的宣传员，向广大群众宣传党的政策和绿色发展思路，使广大群众深刻认识人与自然和谐相处的重要性，绿色发展理念入脑入心。结合白河村发展实际，以绿色发展理念为主线，带领村支两委、五人小组将荒山空地改颜换貌，种植茶叶共计6000余亩，有效改善了生态环境，同时带动了广大农民增收，让良好生态环境成为老百姓幸福生活的增长点、成为经济社会持续健康发展的支撑点。

四、一股干劲，带领白河村走出产业发展新模式

脱贫攻坚战打响以来，我积极探索实践“党建引领、市场主导、群众参与、能人带动、利益链接”的白河产业发展新模式。通过合理界定龙头企业、合作社和农户的边界，尽量做到产权明晰、分工明确，充分调动了各方面的生产积极性，以产业发展带动农民增收，实现了白河村从三类贫困村向市级乡村振兴示范村的历史性跨越。

（一）党建引领：切实发挥党的全面领导作用

始终坚持把抓党建与抓脱贫攻坚有机结合起来，坚持“支部发展在产业链上、党员聚在产业链上、群众富在产业链上”的工作思路，充分发挥党支部的核心领导作用和党员的先锋模范作用，有力推动了产业发展，带动了脱贫攻坚。一是带头理清发展思路，制定整村发展蓝图。二是完善合作社的运行架构，做到产权清晰，激活发展内生动力和发展活力。三是抓好思想工作，形成发展合力，夯实党的执政根基。四是建设服务型基层党组织，为龙头企业、合作社发展提供有效服务。

（二）市场主导：充分发挥市场的决定性作用

充分遵循市场经济运行规律，最大限度发挥市场在资源配置中的决定性作用。一是根据市场长远需求选择产业，积极鼓励农户投身到脱贫攻坚

和茶叶产业发展中来，将白河村茶叶产业作为发展现代特色农业，促进农民致富增收的重点项目发展，从而推进全镇茶叶产业带形成。二是发挥合作社的纽带作用。着眼龙头企业和农户面临的“套牢问题”和“囚徒困境”，发挥合作社的纽带作用，既确保茶青的质量，又确保龙头企业的原材料供应。三是发挥龙头企业市场引领作用。及时引进了贵州弘晖生态农业旅游开发有限公司，采取“龙头企业+村级合作社+农户”（含建档立卡贫困户）的发展模式，遵循市场规律，有效解决了茶叶管理不到位、茶叶加工链过短、茶叶产品质量不高、茶叶销售渠道单一等问题。

（三）群众参与：积极发挥农民的主体地位

通过与群众共商，发动群众种植茶叶实行“农户自栽自管”的模式，土地使用权和茶园的所有权归属群众，积极发挥农民的主体地位，增强了农民求发展的内生动力，有效避免了“等、靠、要”思想，让群众参与到产业发展中来。协同村支两委，因村因户制定管护方案，逐片逐块落实管护责任，6家茶叶合作社实行片区化、网格化对茶农进行管理，对没有时间管护茶园的农户由合作社“委托代管”，有效解决“留守茶”管护难的问题。

（四）能人带动：更好发挥致富能手的示范作用

火车跑得快，全靠车头带。在担任驻村第一书记后，就开始物色能人。2018年，动员老党员何文华牵头，带动白河村大坡组12户贫困户发展蜜蜂养殖产业。2019年，动员村里90后企业家吕辅成返乡创立贵州弘晖生态农业旅游开发有限公司，采取“龙头企业+合作社+农户”的模式，与合作社签订合作协议，共谋茶产业发展。2020年年初，该公司已生成精品茶叶4吨，产值达300余万元。待项目全部建成后，年产量将达到20余吨，年产值1000余万元，推动白河村茶产业的大踏步发展。

（五）利益链接：有效带动建档立卡贫困户脱贫致富

心系困难群众，采取了合理的利益链接方式，有效避免“一分了之”的突出问题。村集体经济必须在村里公共事务、贫困人员兜底、村民集体福利等方面，确保集体、建档立卡贫困户、民政兜底户等多方面的合理利益。通过村级合作社引导，统筹全村茶叶合作社抱团发展的模式，积极拓展了流转土地、入社分红、务工保障、保底收购农户茶青等多种利益联结模式，最大限度发挥了白河村的茶产业优势，让更多贫困户共享产业发展红利，实现利益共享机制全覆盖。

如今的白河村，已实现整村脱贫，正开展乡村振兴的探索实践，被评为“兴义市乡村振兴示范村”“兴义市文明村”，村党支部被评为“兴义市脱贫攻坚先进党组织”。

“雄关漫道真如铁，而今迈步从头越”。在脱贫攻坚冲刺的最后阶段，我按照院党委的安排部署，带领白河村的干部群众，牢记嘱托、感恩奋进，发扬新时代贵州精神，把脱贫攻坚取得的实绩献礼建院60周年。

脱贫攻坚驻村所悟　乡村振兴实践所思

陈绍宥[①]

贫困问题是国际社会高度关注的重大问题。反贫困始终是古今中外治国安邦的一件大事。中国特色社会主义进入新时代，我国反贫困事业进入新阶段，2020年我国脱贫攻坚战取得全面胜利，全面消除了绝对贫困，我国的贫困治理取得了举世瞩目的成就。随着绝对贫困的消除，国家提出推进脱贫攻坚成果巩固拓展同乡村振兴的有效衔接，这是当前和今后较长时期内我国必须切实有效的推进落实的重大战略。由于新使命新任务具有新特点新规律，一定要继续弘扬脱贫攻坚精神，不断总结运用脱贫攻坚的成功经验和智慧，深入有效推进重大战略实施。结合在驻村扶贫期间的实践工作体会和思考，深刻感受到思想意识对消除贫困具有重要作用。为此初步有了从内生或心理视角研究推进脱贫攻坚成果巩固拓展同乡村振兴的有效衔接的想法。尤其在深入学习习近平总书记在全国脱贫攻坚总结表彰大会上的讲话，关于“要坚持调动广大贫困群众积极性、主动性、创造性，激发脱贫内生动力。脱贫必须摆脱思想意识上的贫困”的重要论述后，选择从内生动力视角研究思考推进乡村振兴，具有重大的现实意义。

① 作者简介：陈绍宥，贵州省社会科学院区域经济研究所副研究员、博士研究生。主要研究方向：产业经济学、计量经济学。

一、驻村发现：思想意识贫困情况部分存在

在驻村扶贫期间，围绕“四场硬仗”的推进落实，作为第一书记，要在切实践行党的群众路线、宣讲党的方针政策、帮助解决复杂问题等方面率先垂范，但客观地说，有些贫困户的思想较为保守，思想工作难以做通，改变非一日之功。比如，在推进产业扶贫的进程中，作为第一书记，有一次和村支书到一雷姓贫困户家做思想工作，动员其发展产业，以及积极参与就业。就种植养殖问题，问该农户有什么发展种植养殖业打算时，该农户表示，土地肥力不足，种不出农产品，还有种出来的农产品，卖相不好，加之距离市场远，也卖不出去，所以什么也不想种植。当解释说周边农户发展种植业效益较好，可以向他们学习，或者薄荷、洋葱等各种植一点，没有市场风险时，该农户又说因其他农户有钱投资，自己没有钱投资。又问她发展养殖业打算时，她说养殖业投资大，再说瘟疫难预防，以前养猪闹过瘟疫，所以现在也不打算发展养殖。第二次又陪同市领导到该户家做思想工作，该户说的也几乎是同样的话，当给她说，自己发展种植保温饱，可以积极参加就业增收入时，该农户又说身体不好，干活也不行，但该农户年龄不到五十，也没有重大疾病慢性病，通过查看医保报销情况，也没有发生过大额的医疗费用，该农户完全具备正常劳动力。通过长时间的走访农户，发现这种现象部分存在。究其根源，就是“等、靠、要”思想根深蒂固，思想意识贫困。这类贫困户即使在现行条件下实现脱贫，但长期来看，极有可能返贫，是推进脱贫攻坚成果巩固拓展同乡村振兴有效衔接的最短的短板。

二、客观现实：思想意识贫困制约发展

思想是行动的先导。思想意识状态决定了人的行为选择。思想意识不解放，怎么说教都白干。在驻村工作期间，通过大量走访农户，发现思想状态积极的农户，都具有发展愿望强烈、发展能力较好，而思想状态消极的农户，多是“等、靠、要”思想严重、发展能力较弱。结合实践及相关理论梳理，大致发现思想意识贫困对发展具有以下制约。

一是“等、靠、要”思想严重。思想意识贫困与“等、靠、要”具有显著的关系，思想意识贫困影响人的行为选择，在脱贫攻坚中，“等、靠、要”思想就是思想意识贫困的具体化，思想意识贫困不消除，“等、靠、要”思想终存在。

二是不易接受新观念新事物。思想意识贫困一个表现就是思想守旧，固守已有的经验，易于止步不前，在面对新观念新事物时，要么具有排斥心理，要么形式上接受。

三是具有主观风险放大型特征。具有思想意识贫困的农户，在面对新观念新事物时，总是主观地把风险放大，不断强化消极因素，总是看问题的消极面，从而可能导致只看到风险看不到机会。

三、推进乡村振兴所思所想

基于对思想意识贫困对发展制约的分析，立足于激发农户发展内生动力，围绕切实推进脱贫攻坚成果巩固拓展同乡村振兴有效衔接，初步进行以下思考。

一是要持续巩固深化扶志扶智相结合的“双扶”模式。在脱贫攻坚阶段，针对部分农户存在“等、靠、要”思想的现状，国家提出了扶贫与扶

志扶智相结合，这一战略举措在脱贫攻坚中发挥了重要的作用，农户的精神面貌焕然一新，积极主动配合落实国家政策，形成干部有效帮扶、农户自发努力的格局。在推进巩固拓展脱贫攻坚成果同乡村振兴有效衔接的新阶段，发展的标准要求任务更高，但脱贫攻坚超常规全覆盖式的扶贫不太现实，只有进一步激发广大农户的发展愿望，激活发展潜力，形成强大的内生动力，才能为推进脱贫攻坚成果巩固拓展同乡村振兴有效衔接奠定坚实基础。

二是强化积极心理构建在推进脱贫攻坚成果巩固拓展同乡村振兴有效衔接中的作用。客观来说，在超常规的扶贫模式下，部分已实现脱贫农户，是被拖着脱贫，还存在返贫的可能，脱贫的经济基础不牢、心理基础不稳，亟须加强巩固。一方面，要在下一步帮扶人员的选派上，选派基层群众工作经验丰富，善于做思想工作的同志，持续开展政策宣传讲解和群众工作；另一方面，对存在严重思想意识贫困的农户，需要进行多维的心理干预和修复，帮其构建积极的心理，助其积极主动参与乡村振兴。

三是加强先进典型塑造和宣传。榜样力量是无穷的。要高度关注稳固脱贫发展致富的先进典型，要着力塑造典型，尤其是实现从贫困典型到致富典型农户。让具有思想意识贫困的农户切身体会身边人的发展变化，觉得穷根可斩断，一切皆有可能。

四是要利用好新型农业经营主体带动易返贫农户发展。具有思想意识贫困的农户，一般来说自我发展能力较弱，在推进脱贫攻坚成果巩固拓展同乡村振兴有效衔接进程中，要重点关注这类群体，要充分利用新型农业经营主体，带动这类农户参与产业发展和劳动就业，通过发展的参与和收益提升的实现，让这类农户逐步走出心理贫困陷阱，增强内生发展动力，具有自我发展能力，补齐脱贫攻坚成果巩固拓展同乡村振兴有效衔接的最短一块短板。

发挥专业优势　开展“智志”双扶

张　松[①]

水淹凼村地处敬南镇南部，距离兴义市区30公里，全村总人口数3442人、916户。

2018年10月，我主动向单位申请到贵州省黔西南州兴义市敬南镇水淹凼村担任驻村第一书记。当时，该村有贫困人口数1020人、238户，属于省级一类贫困村。2019年12月，全村总贫困人口全部脱贫清零。赴任伊始，我从水淹凼村脱贫攻坚工作实际出发，与水淹凼村驻村工作队和水淹凼村支两委班子一道，紧紧围绕“一达标两不愁三保障”标准、产业革命“八要素”和“一任务两要点三清单”重点内容，团结奋进、不忘初心、苦干实干、扎实工作，采取各种方法推动驻村工作队全体成员和村支两委班子成员不断加强学习，持续提高党员干部素质，不断筑牢村党组织的战斗堡垒，提高认识、增强信心、勇于面对，主动作为、克服畏难情绪，充分发动群众、依靠群众，进一步密切党群、干群关系，全面加强和提高工作执行力和效率，形成良性循环。

① 作者简介：张松，贵州省社会科学院科研处工作人员，博士研究生。

一、积极宣传党的政策，加强村基层党组织建设

驻村以来，我始终积极主动地同村支两委干部和驻村工作队成员全面走访村下辖12个村民组建档立卡贫困户，结合本村实际，利用自己在贵州省社会科学院机关参与筹备各种会议的工作经验，指导驻村工作队及村支两委组织召开群众会，例举群众身边事、运用群众听得懂的语言，生动形象地向村民们宣传强农惠农政策和扶贫政策；作为一名法学专业人士，充分利用自己的专业特长向村党员干部群众宣传扫黑除恶专项斗争的有关政策知识，积极引导群众在自愿前提下大力开展产业结构调整，提高土地经济价值，努力提高群众对各种惠民政策的知晓率，努力使群众了解已实施的各种惠民政策。

在加强村党组织建设方面，我以加强水淹凼村党总支和下辖两个党支部建设为核心，以推动脱贫攻坚工作为抓手，以团结进取、苦干实干为理念，推动驻村工作队和村支两委班子严格执行管理制度，积极帮助党支部认真落实党内生活制度，及时向大家原原本本传达学习党中央国务院、省、州、市、镇等各级有关重要会议精神和要求。我始终提醒大家注意将理论知识与水淹凼村的工作实践有机结合，自觉地将各级重要会议精神要求与水淹凼村当前的各项主要工作实际情况有机联系起来，在帮助大家提高文化、政策水平的同时，也慢慢地拓宽了大家的工作思路。从2019年6月起，我积极带领和指导水淹凼村党总支和两个党支部党员干部开展“不忘初心，牢记使命”主题教育，全力指导帮助水淹凼村党总支“对标对表”认真开展整顿软弱涣散的党组织工作，完成了“摘帽”工作。经过不懈努力，2020年6月底，水淹凼村被兴义市委授予脱贫攻坚优秀党组织。我在认真指导和帮助支部开展好“三会一课”“两学一做”等工作的同时，也持续深入开展村级后备干部储蓄库制度化、常态化建设，逐步有序推动村

级后备干部年轻化、专业化。

二、狠抓产业扶贫，积极帮助指导村产业结构调整

2018年10月，我刚刚到村里任第一书记，和村支书商量的第一件事，就是如何在面对本村自然资源和地理环境处于比较劣势的现实中，实事求是地按照产业革命“八要素”的内涵实质，将产业革命“八要素”能动地融入产业发展的三个阶段（动员组织、实施生产、价值变现）中去。我经常深入田间地头，在充分调研了解村干部和村民产业发展意愿的基础上，在提高村干部经营管理知识的基础上，在尊重村干部和村民的主体地位的前提下，尊重客观规律、尊重市场规律，想方设法，积极调动村干部和村民的主观能动性和内生动力，想方设法激励村干部和村民增强通过发展产业、提高经济收入的信心。在我的心里常常装着一句话，“兵熊熊一个，将熊熊一窝”，我始终身先士卒，积极帮助水淹凼村谋划产业发展，推动水淹凼村有效实施产业结构调整。我始终坚持同水淹凼村党总支部一班人组织动员全村全体贫困户参与到村集体经济发展壮大中来，积极推进“村社合一”，帮助村集体合作社不断完善内部管理，指导大家学习理解一些必要的财务知识，指导村干部严肃执行财经纪律，利用本人的专业知识和工作实践经历，大力帮助提高合作社的市场营销能力，帮助合作社管理人员提高生产运营管理能力，不断优化以“按劳取酬”与“按股分红”相结合的利益联结机制。2020年第一、第二季度，在贵州省社会科学院帮扶、敬南镇党委政府全力支持下，我带领驻村工作队和村支两委，在前期考察调研的基础上，共同研究决定由村治保主任吴必军牵头，以兴义市澄辉种植养殖农民专业合作社为平台，以市场需求为导向，在水淹凼村南山、坡西、关山3个村民组集中流转土地150亩，大力发展订单农业，着力将其

打造成为水淹凼村农村产业革命示范基地，推广种植100亩高粱、40亩薏仁米和10亩百香果，高粱全部销售，实现纯利润2万余元；百香果和薏仁米也在院领导的关心指导下推荐参加省机关事务局主办的全省“一县一品”展销会。与此同时，在尊重自愿的前提下，我积极引导本村集体合作社吸纳本村剩余劳动力特别是建档立卡贫困户，为其提供就业机会，持续扩大建档立卡贫困户的收入来源渠道，凡是参加合作社务工的，每人每天可获得至少85元以上的收入。

三、“只要一息尚存，就要一干到底”

在贵州省脱贫攻坚工作到了最后决战时刻，作为一名省直单位工作人员，有幸参与这场注定会写入历史的第一民生工程，是值得作为这个时代的一分子永远珍惜的记忆，为了不负年华，也为了不负信任，尽管挑战重重，但是为了确保完成每一项工作任务的最终质量，我常说的一句话是“只要一息尚存，就要一干到底”。我先后组织指导并全面参与了水淹凼村2019年脱贫攻坚“两不愁三保障”实地调研、“全面回头看，精准定措施”“逐村逐户征求意见、逐人逐项精准措施”工作、“一查四保”、2020年年底第三方评估、“四个不摘”专项检查等工作，并以此为抓手，深入走访建档立卡贫困人口和八类重点人群，积极推动落实老旧危房改造、“三改”、易地扶贫搬迁、教育扶贫、基本医疗、饮水安全等政策，在能力范围之内，积极协调，帮助解决实际困难。

参加驻村帮扶，发挥专业优势，在践行“为人民服务”的宗旨中，不断追求经济发展和社会进步，让村民的日子一天比一天好，对未来的信心一天比一天足，这是我干好工作的根本动力。

普安县龙吟镇高阳村帮扶走访记

罗承艳[①]

我生于城市，长于城市，走出校门步入社会工作在城市。农村曾去过，都是发展好的地方，记得几次乡村旅游，红砖绿瓦的房屋、干净整洁的村貌，繁忙的摊点、生活富裕的村民，给我留下颇深的印象。对于贫困山村的落后状况，仅仅限于报纸杂志、电视中的报道，或是外出火车汽车经行中路旁偶尔一闪而过的村落概貌。

2011年10月底，单位年度下乡帮扶活动启动，组织了20多名同志前往院定点挂帮乡镇之一普安县龙吟镇开展调研走访工作。作为其中一员，此行可谓感触鲜明、体验切身、印象深刻，沉淀为人生中一份厚重的积累，一份宝贵的阅历。

一、走访高阳村跃进组

2011年10月27日清晨，根据院里安排，我们20余人在单位大院集合，乘车前往黔西南布依族苗族自治州普安县龙吟镇。贵阳至普安的高速公路已经开通，历时3小时到达普安境内，然后转入县道。县道狭窄崎

① 作者简介：罗承艳，贵州省社会科学院法律研究所副研究馆员。主要研究方向：法理学。

岖，绕山而行，加之当天雾雨不断，车速寻常，2小时后行至龙吟镇。

龙吟镇领导热情欢迎我们一行。考虑到日程紧凑，短时的寒暄会商后，即由两位领导带领我们接着前往高阳村。大约1小时，到达高阳村部。村部不靠村落，单独建于县道边，砖混结构平房3间，门墙显得陈旧斑驳。

天色已近傍晚，雨仍在下个不停。下车进屋，大家就着村会议室的木椅、条凳坐下，镇、村和院联合开了一个短会，会上院带队领导向高阳村宣布捐赠募集的社会资金2万元，资助村里通村组路建设项目。村主任解说了本次调研工作安排，20余人分至9个村民组，大体每组2 - 3人。我和另一名年长的女同事、一名中年男同事结队去跃进组。

参会的跃进组王组长开着一辆老旧的二手小巴来的。他年约六十，中等身材、脸庞黝黑、神情和善。散会后，笑着略做寒暄，就和另一位陪同来的村组干部载着我们哐当哐当地回村了。

王组长家位于一个10余户的小村落里。暮色下，小小村寨坐落山腰间，背后山丘起伏，房舍高低散落相间。有贴瓷砖的方正砖楼，也有黑旧的苗族木屋，各占其半。整体上，色泽黯淡、构型简单，难言传统水墨画似的诗意山乡美景。

进村之时，遇到了一点儿麻烦。几日来的小雨浇湿了土路，泥泞不堪，一步一滑，我们未备雨靴，只好踮着脚尖，小心翼翼地寻找路面稍微干硬的地方下脚。一见此景，王组长忙道："你们就等在村口吧，我先去借几双胶靴来。"我们连忙婉拒道："不用麻烦了，路又不长，就算是我们先体验一下了。"

王组长家是一幢三层砖楼。进门后，他介绍了在家做饭的老伴，还有一个幼孙。王组长养育了两子两女，现今儿子、儿媳及女儿都在城市务工。

晚餐将近备好。几句家常闲话后，大家围着煤暖炉桌入席，一边饮着家酿的甜米酒，一边开始帮扶调研工作的交流。

年长的女同志首先开口，她介绍了近期中央和省里出台的一些重要扶贫政策，例如省府办7月印发的《贵州省核桃产业化扶贫建设规划（2011 － 2015年）》。文件指出，普安等县是我省核桃种植最适宜区，并对国内外的核桃产品市场进行了分析预测，对产业发展的资金筹措、技术路线等做了规划。王组长询问："这样的政策怎样才能实际地进村到户，村里需要做什么?"我答道："照我的理解，像这类政策虽然一般执行时间较长，但竞争也大，毕竟政府补助资金有限，如果村里有兴趣，就得抓紧时间主动尽快向上面申报。我们院可以协助村里准备申请材料以及和有关部门的联系沟通。"

接下来，王组长介绍了跃进组的基本情况。全组共有50户250多人，其中外出务工者60余人。"青壮年大多出去了，我几个子女也是，如今村里务农不挣钱啊"，他感叹说。土地方面，农地140亩，林地600亩；农业生产方面，主要是水稻和玉米种植。他提及了村里考虑过的潜在产业项目：如茶叶、药用的天麻和五加皮等经济作物，还有禽畜养殖，如药用的乌骨鸡等。王组长坦言："这两年村里对这几个项目都作过初步调查，可难题是，技术、启动资金、销售渠道，光凭村里自己短期内无法解决。"

入夜，我们留宿在楼上王组长外出子女的空房里。

10月28日，日出东方，阳光明媚，碧空如洗，清风徐徐。

上午，王组长、作陪的村组干部领着我们去约莫三里地外的一座名为"长江"的小水库调研，要翻越两个小山头。

出了村口，置身田野。丘陵间梯田错落有致，时值深秋，稻谷已收割，只余零星草垛。我着意观察了一下，视线可及处，田间沟渠大体完整。

上山的小路仍旧泥泞，年长的女同事和我相互搀扶着慢行。路旁，野花摇曳、野果红艳，野生的天麻、五加皮间或闪现。摘了几串或红或青的果子尝了尝，别有一番野趣风味。不过，颇感遗憾的是，山上虽然植被葱茏，却全为自生自长的草木杂树，几无经济价值。

近一小时后，到达长江小水库。王组长介绍，小水库归属高阳村公有，建于20世纪70年代，库容面积约计200亩，但年久失修，早已失去蓄水灌溉功能，而仅剩防洪之用。站在坝顶，山风劲吹，放眼望去，周边两山环抱，坝底石滩裸露，空旷无水，愈加衬得坝壁高拔峭立，陡生恐高之感。

下午的行程是去访问组里的一家生态鸡养殖户。两三年前，这家养殖户承包了村里一处靠近公路的荒山坡，并办起了养鸡场，规模不算大，然前景较乐观。

2点左右，王组长的小车拉着我们再出发。到了地头，就见一座不太大的小山头，坡上种着数十排果树和松树，树间是青青的草地，有鸡群或觅食或嬉戏。环山底部，被一丈高的塑料拦网围住。

场主35岁左右，看似精干麻利，他的妻子及一个亲戚也在场里帮工。谈起办场的经验，他解释道，利用现有的荒坡废地，放养药用的乌骨鸡和食用的肉鸡，可以觅食昆虫、青草，具有投资少、收益快、成活率高、疫病率低等特点，鸡粪还能作为果树肥料，既增加了收入，又节省了成本。

傍晚时分，走访活动结束，王组长依依送别我们至高阳村部集合。晚间，院全体20余人餐宿于龙吟镇上。

10月29日，返回贵阳。

二、贫困村调研帮扶的所感所悟

习近平总书记指出："全面建成小康社会，最艰巨最繁重的任务在农村、特别是在贫困地区。没有农村的小康，特别是没有贫困地区的小康，就没有全面建成小康社会。"

此次的下乡帮扶活动，尽管调研时间不长，可是亲眼的观察、亲耳的倾听、亲身的感受，既看到了艰辛贫瘠的山区乡村现状，同时也见证了基层群众迎难而上、力争小康的期望与行动。回想起来，至今仍历历在目、心潮难平。

当时，高阳村跃进组人均纯收入仅为1300元/年。简单对照一下，2011年国家扶贫标准是：农民年人均收入2300元。再看村组的生产生活状况：丘陵石漠化严重；水库等重要的生产设施废弛难修，粮食种植业单一低效，青壮年进城、劳动力缺乏；民房多数老旧杂乱、缺乏规划，村容脏乱、垃圾遍地、卫生恶劣；村中土路，晴天扬尘，雨天泥泞；入户饮水取自塑料管简单汇流的山间泉水，未加过滤清洁，水流时现树叶漂浮。然而，面对困难和挫折，村民、村支两委不气馁不退缩，一方面保障提升现有粮食主业，另一方面调研规划潜在优势项目，积极探索实践种种增收致富的新途径。同时，各级党委政府亦是多措并举，加大政策倾斜与资金扶持，全力扶贫治贫。

2020年3月，历经多年的努力奋斗，普安县贫困率降至1.5%。据省政府公告，普安县退出贫困县序列，脱贫"摘帽"、同步建成小康社会如愿实现。

后 记

由贵州省社会科学院组织编写的《我与贵州省社会科学院》，自2020年4月经院党委、院行政同意立项并启动，历经两年多的时间，即将付梓出版。

本书能够面世，作为贵州省社会科学院建院60周年收官之作，归功于院党委、院行政的高度重视和大力支持，得益于全院干部职工积极参加，特别是征文作者踊跃投稿。

本书由贵州省社会科学院健在的历任院领导组成编委会，现任党委书记吴大华、院长张学立担任编委会主任，唐显良、许峰担任主编，王跃斌、曾亮、郑子运担任副主编。全书的框架设计由唐显良、许峰负责；由唐显良、许峰、王跃斌、曾亮、郑子运组成编辑组，承担全书的编辑、整理和修改工作。唐显良、许峰负责审定全部书稿和前言后记的撰写，许峰负责联系出版社，王跃斌协助主编做了不少的协调、征稿和统稿工作，曾亮、郑子运、唐显良做了大量的文稿编辑和校对工作，曾亮负责文稿的收集和编务工作。

需要说明是，本书大部分文稿于2020年下半年收到，一部分文稿于2021—2022年上半年收到，故多数文稿陈述的情况截至2020年，部分文稿陈述的情况截至2021年或2022年上半年。编者在编辑过程中，对时间起止不做统一要求，根据文章所写内容，既可写到2020年，也可延至2021年或2022年上半年。

另外，本书封面采用我院许峰同志拍摄的贵阳甲秀楼照片作为底图，寓意位于南明河畔甲秀楼旁的贵州省社会科学院，在经历60年积累沉淀和发展的基础上，接续打造“甲秀智库”系列品牌、发挥新型特色智库作用，为贵州经济社会高质量发展和奋力谱写多彩贵州现代化建设新篇章作贡献。

本书责任编辑舒松老师为此书的出版耗费很多心血，其敬业精神和专业水平令人敬佩，在此一并致谢。

由于编者水平有限，书中错漏在所难免，敬请广大读者批评指正。

编者

2022年7月